システム構築の
大前提

ITアーキテクチャのセオリー

Theory of IT Architecture

中山嘉之 著

リックテレコム

簡易電子版について

本書をお買い上げの方は、パソコンやタブレットPC等でも本書の内容を閲覧いただけます。
下記の制約をご理解のうえ、宜しければご利用ください。

・専用ビューアソフトのダウンロードが必要です
・2つのサイトでのご登録お手続き（お名前やメールアドレス等の入力）が必要です
・レイアウトが固定されているので、小さな画面には不向きです。書き込みや付箋の機能もありません
・ご利用は本書1冊につきお一人様かぎりです

ご利用方法につきましては、本書巻末をご覧ください。なお、本サービスの提供開始は2018年5月31日0：00、終了は2028年5月の予定です。

注意

商標の扱いについて

はじめに

わが国では昔から、企業情報システムの構築はアウトソーシングするのが普通です。他方、世の中のデジタル化とともに、企業システムのスコープは拡大し続け、ますますそのスピードを加速しています。このような背景の下、将来の青写真を持たないまま増改築を繰り返してきた企業システムは、その構造（アーキテクチャ）に大きな問題を抱えることになりました。本書は、企業活動にとってITアーキテクチャが如何に重要か、また、最適なITアーキテクチャとはどのようなものかについて、データセントリックなユーザ企業の目線で語っています。

筆者は長年ITアーキテクチャの本質を探求するなか、適材適所の業務アプリを疎結合する「エンタープライズデータHUB」という解に行き着きました。このコネクタは、異なる文化のショックアブブソーバの役割を果たすとともに、時代にマッチしたアーキテクチャへの緩やかな転換を可能にする極めて現実的なソリューションです。

本書の核心は、EA（Enterprise Architecture）の実践手法、そして「EAの中心に全社データHUBを据える」というセオリーにあります。このITアーキテクチャは、IT協会（日本能率協会グループ・公益社団法人企業情報化協会）「ITマネジメント賞」を受賞しました。本書ではその全貌を余すところなく明らかにします。

ベンダの有用なサービスを積極的に取り入れつつも、自社のITアーキテクチャを堅持したいとお考えのユーザ企業CIOやIT戦略スタッフには、ぜひ一読願いたいと思います。また、サービス提供側のSIerにとっても、異なるサービスを疎結合化するアーキテクチャはインタフェース問題からの解放につながり、結果として新サービスの矢継ぎ早の導入を可能にします。

本書は筆者の30数年のユーザ企業システム部門、その後の大企業向けコンサルティングでの現場経験をベースとし、多くの実践的ヒントを散りばめました。また一方で、ITアーキテクチャの普遍性にこだわる内容は、時代を超えて読んでいただけるものと確信しています。本書が読者諸賢の一助となること、ご議論の契機とならんことを切望しています。

著 者

※　本書の内容は、株式会社アイ・ティ・イノベーションのホームページに掲載されている計100回の連載「現場を極めたITアーキテクトが語る」のコンテンツを全面再編集し、著者自身による大幅な加筆・修正を加えて1冊にまとめたものです。

CONTENTS

第II部 アーキテクチャ

CONTENTS

CONTENTS

第Ⅰ部 | 何をなすべきか?

第1章

問題の所在

今日、企業情報システムが対象とすべき課題・業務・データといったものは、世の中のデジタル化と共に爆発的に拡大しています。一方、日本の企業はこの20年間、システム開発／運用のアウトソーシング、パッケージ化、クラウド移行等を一般化させてきました。このような背景の下、将来の青写真を持たないまま無秩序な増改築を繰り返してきた企業システムは、その構造としてのアーキテクチャに大きな問題を抱えることになりました。まず本章では、この問題を読者の皆さんと共有したいと思います。

ユーザ企業が犯した3度の過ち

現在の企業情報システムは開発・運用・保守の各局面で様々な問題を抱えています。その根幹では、システムの大規模化や複雑化により、企業の大切な情報資産である“データ”の管理が行き詰っているケースがことのほか多くあります。過去のITイノベーションの大きな節目において、企業情報システムは情報資源管理という大事な役割を見失ってしまいました。冒頭から多少辛口になりますが、まずはこの事実に目を向けるところから始めたいと思います。

筆者は1982年から今日に至るまで、姿かたちの見えない企業システムとひたすら向き合ってきました。この30数年間を振り返ってみると、日本のユーザ企業は、三たび重大な過ちを犯したと言えます。自社の情報資源管理を軽視した報いが、既存システムのメンテナンス課題に直結しているのです。なお、「過ち」と書きましたが、ソフトウェアは時間をかければ修復可能なので、決して絶望的ではありません。

ITアークテクチャが変わるとき…

最初の過ちは、1990年代後半のメインフレーム・ダウンサイジングの潮流とともに勃発しました。PCを主役とし、きらびやかなGUIを備えたオープンアーキテクチャに誰しも薔薇色の期待を抱き、テキストベースの地味な画面との決別に血道を上げました。そしてこともあろうに、80年代に築き上げた情報リポジトリを、メインフレームに付随した旧い資産として扱い、遂には捨て去ってしまったのです。

筆者の知る限り、当時の先進的な大手企業は、メインフレーム上に何らかのメタデータ[1]辞書を保有していました。しかし、当初のDD/D (Data Dictionary/Directory：データ辞書／

*1 メタデータ：データを客観的に説明する各種の情報。データの名前や意味、データ型、桁数、所在、出所来歴、各種の制約条件などで構成される。

登録簿)によるIRM(Information Resources Management：情報資源管理)は、IBMのAD/Cycleがそうであったように、やがてCASEツールへと進化(?)していきました。その結果、プログラム自動生成の用途ばかりに気を取られ、企業の情報資源管理という本来の意義が軽視されるようになってしまったのです。今になって考えれば、メタデータがプラットフォーム非依存であることぐらい、当たり前だったのに、です。

2度目の過ちは、2000年直後のERP導入ブームのときでした。企業のITガバナンスや内部統制を向上させる狙いと、長年のアプリケーション保守から解放されたい思いが相まって、大企業はこのオールインワンシステムに新たな活路を求めました。「ERPを導入していない会社は恥ずかしい」と錯覚させるほどの勢いで、瞬く間に大企業の基幹系システムはERP一色に染め上がりました。

そしてこともあろうに、情報資源管理の中核として長年保持してきた自社のデータモデルを、ERPのデータモデルに置き換えてしまいました。もし、確固たる自社のデータモデルがない会社なら、ERPと一緒に手に入れたデータモデルを、その後の自社モデルとすればよいでしょう。しかし、既に自社のデータモデルがあるのなら、モデル自体は変えずに、ERP用に変換して適用することを考えるのが自然です。今になって考えれば、ビジネスモデルの写像であるデータモデルが、細部にわたってERPと等しいハズがありません。

そして3度目の過ちは、2010年前後から取り沙汰されているSOA(Service Oriented Architecture)や、最近のマイクロサービスを取り巻く誤解です。粒度の違いはさておき、「業務処理で必要とされる各種の機能をサービスとして定義し、これをネットワーク上で連携することでシステム全体を構成する」こと自体に異論はありません。クラウド環境にもマッチする「疎結合アーキテクチャ」です。ベンダは、あたかもスパゲティ化した大規模システムの救世主であるかの如く、SOA関連製品をアピールしました。既に自社のITアーキテクチャに対するイニシアティブを失ってしまったユーザ企業は、簡単にそれを信じるしかありませんでした。

問題は、SOAが全社的な情報資源管理に触れていないことから、「データ管理環境は整備しなくてもよい」と誤解してしまうところにあります。サービスの突端には必ずデータベースが存在するわけで、そこではマスタやトランザクションといった共通データの一元管理ができていることが大前提なのです。データ環境が整っていない中で、散らかったデータをESB(Enterprise Service Buss)経由でとりまとめようとすると、サービスの実装は困難を極めます。あたかも泥水をかき混ぜるかの如くです。冷静に考えれば、企業システムを単なるプロセスの集合体と捉えることが間違いなのは言うまでもありません。

対策は待ったなし

以上はどれも、ITアーキテクチャにまつわる、ユーザ企業の代表的な過去の過ちです。誤解を避けるために補足します。オープン化もERPも、SOAもクラウドも、素晴らしいテクノロジーおよびソリューションであり、企業システムに大きな進化をもたらしました。しかしながら、企業のITアーキテクチャは多面的であり、どの面が欠けても成り立ちません。取り分けデータのアーキテクチャはその最たるものでしょう。

にもかかわらず、ユーザ企業は新しいテクノロジーが出現する度にベンダのプロモーションを鵜呑みにして、それがあらゆる問題の解決策だと錯覚してしまうのです。この先も錯覚を起こすネタは数多く控えています。アジャイル開発もマイクロサービスもIoTもDevOpsも、データ中心のアプローチと排他的な関係にはありません。

さて、ユーザ企業はこれから先、いったいどうしたらよいでしょうか? 筆者がぜひとも推奨したいのは、失ったメタデータ管理の復元から始めることです。実際問題、多くのユーザ企業では今、基幹系システムのブラックボックス化が深刻な課題となっています。しかも、溢れんばかりの知見を頭にしまい込んだレジェンド社員のリタイヤが既に始まっています。AIによるビッグデータの活用は、メタデータ管理ができていてこそ可能になります。

メタデータ整備をはじめとする情報資源管理は、そもそもベンダの関心事ではありませんし、ユーザ企業自らで行うほかありません。ベンダには情報資源管理の環境構築に用いる最新のITを提供してもらいましょう。

「プロジェクト」よりも「プロダクト」の成功

1990年代前半までの企業システムには、手付かずのフロンティア領域が多く存在していました。当時、国内ユーザ企業の情報システム部門に所属していた筆者は、PM(Project Management)支援とデータアーキテクト(当時はそんな呼び名もありませんでしたが…)の二足のわらじを履いていました。ちなみにPMは、ユーザ部門代表の1名が通例で、筆者の仕事の大半は全社のデータ管理でした。今思えば、少数精鋭の優秀なメンバーのお陰でしょうか、プロジェクトの完遂は当たり前だったその会社にあって筆者は、いかに"魅力的な"プロダクト(社内システム)を創るかに、全身全霊を傾けていたように思います。

四半世紀を経た今、フロンティア領域はわずかに周辺システムだけとなり、基幹系の主流は再構築案件、つまり基本的ビジネス要件は変わらずITを刷新するばかりとなりました。10数年周期のメンテを繰り返し肥大化したシステムはブラックボックス化し、再構築に適用する進化したITは専門性が高く、外部ベンダに頼らざるをえなくなりました。

専門性の分化、適用技術の多様化、既存システムの複雑化などを背景に、プロジェクト成功のハードルは格段に高まりました。片手間でPMをやるなんて考えられません。それどころか、PMをバックアップするPMO(Project Management Office)まで作られるようになったのに、企業情報システムはROI(Return on Investment:投資対効果)を得られないまま、ただただカオスへ向かっているように見えます。

いったい、システム開発のどこが問題なのでしょうか? 筆者にはひとつ、思い当たることがあります。「プロジェクトの成功」を重視するあまり、「プロダクトの成功」が軽視されているように思えてならないのです。そのことがシステム開発から、モノづくり本来の楽しさも喜びも削ぎ落としてはいないでしょうか。

プロダクトのライフサイクル

この「プロダクト」というのは、出来上がるシステムを指し、その成功とは、ビジネス活動に 貢献する「魅力」のことです。品質管理の教科書にある「バグのないシステム」ではありません。

プロダクトの成功には開発・保守・運用のライフサイクル全体のROI、および他システムとの調和が前提条件であり、個々のプロジェクトの成功とは次元が違います。システムがもたらす効果は、稼働直後からそのシステムが終焉を迎えるまで続きます。ユーザ企業の経営目線で捉えれば、本節の表題「プロジェクトの成功 ＜(小なり) プロダクトの成功」という重要度の高低は当然であり、これが逆転することはあり得ません。

しかし、ベンダ主導のシステム開発では、このことを考えるタスクが削ぎ落されても仕方ありません。図1-1(A)は、ユーザ企業におけるシステムライフサイクルを、プロジェクトライフサイクルと比較した一例です。なお対比するために、ベンダにおける(プロジェクト)サイクルを右上部(B)に載せました。

図1-1 (A) ユーザ企業におけるプロジェクトとプロダクトのライフサイクル

(B)ベンダのプロジェクトライフサイクル

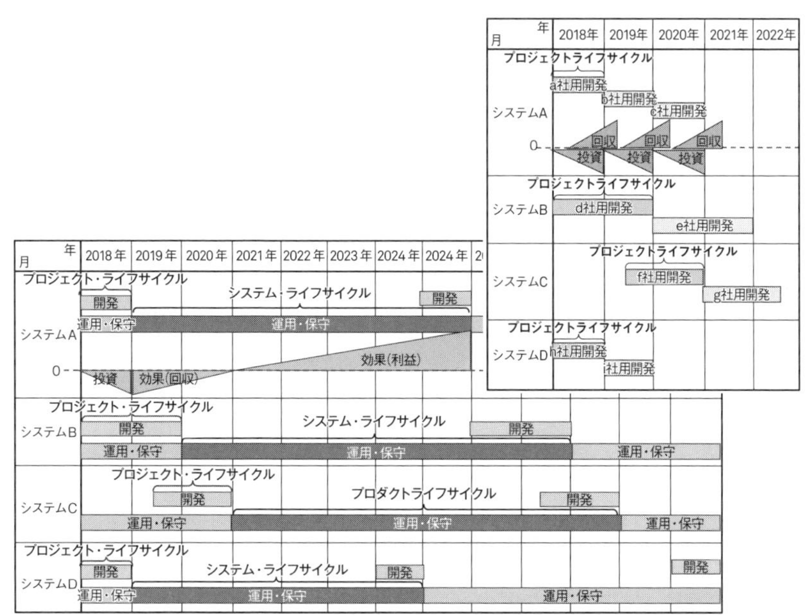

ものづくりには設計思想が不可欠

このような状況に陥った原因は何でしょうか? アウトソーシング領域の誤り、ガバナンス機構の不在、ユーザ企業側の手配師化、SIベンダの躍進などいろいろ挙げられますが、最たるものはアーキテクチャ(設計思想)の不在です。「どんな企業システムの構造にしたいか?」をひたすら考えるべき社内アーキテクトの不在にも、原因が求められます。

理想的なのは、社内でITアーキテクトを育成することでしょう。企業システムは、企業独自のビジネスモデルに即しており、世界でオンリーワンの作品です。コモディティではありません。言わば注文建築です。自社のビジネスを熟知している社内SEが適していることは言うまでもありません。社内アーキテクトの育成が困難な場合は、譲りに譲って、外部のアーキテクトを雇い入れることもできますが、ユーザ企業側の立場に立つことと、プロジェクト非依存で採用することが条件です。

今後のアウトソースの形態は、かつての丸投げ請け負いでの炎上の反省から、準委任契約にシフトしていくでしょう。そうなればなおさら「プロダクトの質」に注視しなければなりません。なぜならベンダ側は、納期どおりに体よくプロジェクトをまとめることに奔走するようになるからです。「プロジェクトが炎上せずに完了すれば"失敗"と言わない」のが通例となってきたことが、既にその予兆だと言えます。

21世紀の企業内情報システム部門は、ビジネスの遂行部門にとって信頼できる強力なパートナーであり続けるべきです。投資を無駄にしないためには、プロジェクトの成功も大事ですが、それ以上に、プロダクトの質(=出来映え)にこだわらなければいけません。ベンダ側のSIサービスのあり方も、人海戦術による従来のマスプロダクションから、少数精鋭型の質の高いソフトウェア開発へとシフトすることが求められます。

"やらされ感"のもとで"やっつけ仕事"をする設計者には、誰も仕事を任せたくありません。世界に1つしかない作品をこしらえる開発の仕事は、楽しく創造的でなければなりません。そのとき、モノ作りが面白すぎて暴走しないために、「管理」を機能させたいものです。

なぜ今 アーキテクチャ設計か？

およそ人工的なものには、「構造」という意味でのアーキテクチャが必ず存在します。しかし、それが意識されないことはよくあります。例えばコモディティ化した製品は、たいてい使用目的を達成できれば充分で、構造にこだわる人は少数です。逆に目新しい製品やユニークな物は、中身がどうなっているかに言及しないことには、効果や価値をなかなか説明できません。このセオリーを企業情報システムにあてはめてみたら、どうなるでしょうか。

インターネットの普及に伴い、個々のソフトウェアやサービスに関しては、確かにコモディティ化が顕著になっています。しかし企業システム全体を見た時はどうでしょうか。マーケティング戦略の脱コモディティ化を唱える企業が増えています。企業活動が差別化を求めるなら、それを支えるエンタープライズシステムも同じ方を向きます。(ERPを含め) 個々のパーツのコモディティ化が進んだとしても、それらを組み合せた全体は逆を向かねばなりません。まず、このことをしっかりと押さえておくことが大切です。

筆者がユーザ企業に入社した1980年頃は、企業情報システムの創世期でした。IT仕立ての業務領域も少なかったので、業務アプリケーションがバラバラに導入されても問題になりませんでした。そこには「アーキテクチャ」という言葉さえ存在しませんでした。そこから30数年間の成長期を経た企業システムは、規模と複雑度が数十倍以上に膨らんでしまいました。次から次へと無秩序に増改築が施され、あたかも古い温泉旅館の様相です。やがて情報品質や伝達スピードに幾つも弊害が現れてきます。そこに至って初めて、「全体の"かたち"をコントロールする何か」の不在に気づくことになります。

企業のアーキテクチャは購入できない

企業は時代とともに、あたかも生命体の如く変化します。変化を前提とした柔軟なエ

図1-2 ITアーキテクチャ設計とは？

・ビジネスのROI向上のため、その企業にとって最適なIT構造の青写真（アーキテクチャ：構造）を移行計画とともに描く。

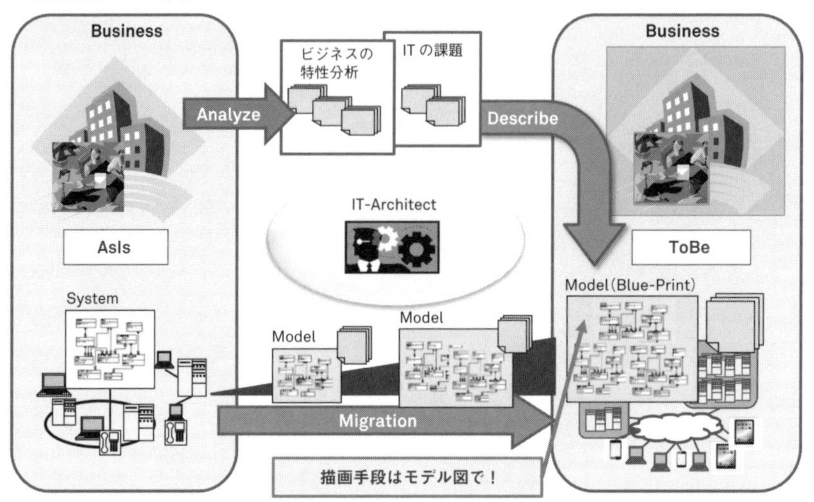

ンタープライズアーキテクチャ（個別パーツのアーキテクチャではなく）は、どのように設計すればよいでしょうか。それを考えるのは、ユーザ企業情報システム部門（またはIT子会社）の責務です。ITベンダに求めることはできないばかりか、ベンダ企業の利益相反にもなります。

システム設計・構築をベンダに丸投げし、アーキテクチャの設計を放棄した結果の惨劇は、今日いたるところで垣間見ることができます。その傾向は、ITガバナンスを利かせにくい大企業ほど顕著です。一方、筆者の前職企業では、1982年以来データセントリックのアーキテクチャを貫いており、現在もそれが健在です。情報システムに関して、違いは歴然なのです。

幸いなことに、多くの企業システムは未だ発展途上の成長期にあります。不幸にして、全社システムがかなりの程度“スラム化”してしまった企業でも、まだ打つ手はあります。成熟期を迎えるまでには時間的余裕が残っています。本書は、汚れたシステムを浄化するアーキテクチャも提示します。自社システムの無秩序に気づいたら、アーキテクチャ整備へ向けた一歩を踏み出しましょう。明日すぐにシステムが動かなくなったりはしませんが、ITコストの限界到達、経営からの信用失墜を招いてからでは遅すぎます。

いくら自社システムの汚れに気付いたところで、「自分の世代では到底無理…」と考える、情報システム部門幹部の方は多いと思います。であれば、次の世代のために、土台作りを始めましょう。アーキテクチャの青写真だけでも描き、残しておくのです。企業システムは企業と同じくらい長寿です。世代を超えてITアーキテクチャの青写真を継承し、変更管理を重ね続けましょう。そのことを遺伝子の如く、代々の情報システム部員で共有することを目指してみてください。

今後、企業システムのスコープは拡大し、記録を主目的としてきた従来のSoR（System of Record）の領域から、顧客満足を追求するSoE（System of Engagement）の領域へ踏み出します。独自のビジネス戦略に立脚した、オリジナリティ溢れるシステムが求められます。IoT、ビッグデータ・AIによる新たな情報資源の交通整理が重要となります。成熟期を迎えようとするなか、アーキテクチャ主導の情報システムでなければ、経営に資することはできなくなるでしょう。

14

Theory of IT-Architecture

ベンダロックインからの脱出

ユーザ企業にとって、ITコスト増の元凶は「ベンダロックイン」です。ベンダの方々には、いささか過激に聞こえるかもしれませんが、筆者はかねてから、ITベンダとユーザ企業のパワーバランスが対等に保たれている状態が、好ましいIT市場の在り方だと思っています。レイヤーは違っても、お互いのIT知識の切磋琢磨がより良いIT環境を築きあげるのです。もちろんベンダ企業にとっては商売ですが、自由競争のもたらすイノベーションのダイナミズムを半減させるような売り手側の戦略に対しては、買い手としても“したたか”にならざるをえないと思います。

私たちは電気製品、住宅、旅行といった日常の買い物で、メーカーやサービス会社を自由に選択できる環境にあります。そして製品やサービスが高額になるほど、安価なコモディティ商品とは対照的に、あらゆる情報を入手して価値を吟味し評価します。それと同じく、ユーザ企業の情報システム部門が“目利き”の役割を果たすことは当然です。もしも何かの原因でこの機能が阻害されたら、ツケ(自由競争の恩恵を享受できないツケ)はすべてITコスト増に現れることになります。

ロックインされてしまう理由

ベンダロックインから逃れられない原因はいろいろあります。「マルチベンダにするより楽だから」とか、「昔からの信頼関係で…」とか様々でしょう。ここでは取引の経緯はさておき、いくらユーザ企業がマルチベンダ化を望んでも、技術的理由で現行のIT環境から抜け出せないケース(これが本当のロックイン)について、対処法を考えてみましょう。この対処法は、「アーキテクチャ(構造)に照準を当てた根本的治療」と言えます。

さて、アーキテクチャによるベンダロックインで、古くから存在し今なお健在なのが、メインフレームです。ある業務アプリを稼働するための、独自のOLTPソフト、独自の

OS、独自のハードで構成され、他のプラットフォームへは簡単に移植できません。

それでは次に、ハード、OS、ミドルウェアのいずれも移植可能なERPパッケージはどうでしょうか? 確かにプラットフォームフリーですが、アプリケーションとデータベースが一体成型なので、部分的な取り替えができないというロックインにはまります。さらに、クラウド移行により「全てのインフラから解放された」と思ったのも束の間、気を付けないとクラウド環境にロックインされてしまいます。

近年、ハードウェアによるロックインは減りましたが、業務プロセスを"コード化"する限りは、ベンダ製品・サービスのロックインから完全に逃れることはできません。それでも、いざとなれば比較的容易に他のソフトウェアへ移行できるシステムアーキテクチャにしておくことは可能です。

「データ中心」の見取り図

その答えが図1-3です。中心には、どのITベンダにも属さない自社の資産としての「データ」を据えます。DBMS(Database Management System)でさえ、その廻りを囲むベンダソフトウェアと位置付けられます。その外側には、業務プロセスをソフトウェアとして部品化・共通化したコンポーネントが取り巻いています。いちばん外側のハードウェアに

図1-3 データ中心のアーキテクチャ

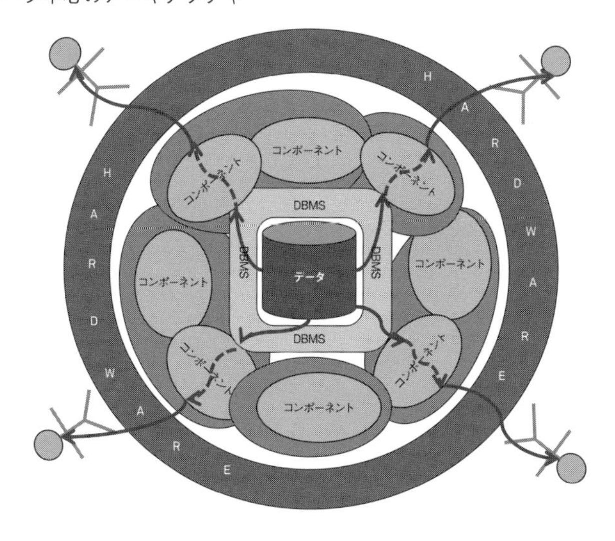

近づくにつれてベンダ色が濃くなりますが、中心の柱がベンダ非依存なので、外側部分をチェンジしても屋台骨は揺るがない構造です。

ERP等の業務プロセスを中心に据えるとどうなるでしょうか。最も変化しやすいプロセス部品と一体化したデータが、プロセスもろとも全面取り替えとなります。プロセスベンダのチェンジはビッグバンの様相を呈し、困難を極めることが想像できます。

データセントリックなアーキテクチャは、ベンダロックインの予防になります。データには、ユーザ企業自身以外の持ち主が見当たらないからです。プロセスのロックインこそが、ベンダの一時的な売上につながるかもしれませんが、長い目で見れば、新機軸によるイノベーションの道を自ら閉ざすことになりかねません。

ユーザ企業は絶えず、アーキテクチャによるロックインに目を配らねばなりません。また、ベンダ側には、目先のビジネスキープとITによるイノベーションの狭間に立つ、若々しいピュアな感性が今こそ求められています。

1.5
Theory of IT-Architecture

業務部門からの自立

「IT部門と事業部門が、お互いをもっと理解し合えば、より良いシステムが生まれる」というフレーズを良く耳にします。また、ビジネスの要求を満たすために、情報システム部員が業務知識に精通するに越したことはないでしょう。人材育成の面でも時々、現場実習や業務部門との人材交流が説かれます。本当にそうでしょうか? 営業最前線や工場での実体験を積まなければ、良いビジネスシステムは創れないのでしょうか?

筆者の見解は、「現場経験がないよりはあった方がよいけれど、必ずしも業務に精通するために必須とは思わない」というものです。例えば、IT部門と同じく間接部門である経理の人材キャリアパスを見ると、必ずしも現場経験が必要とはされません。現場経験のない優秀な経理マンは大勢いて、会社からも尊重されています。体系化された会計学の視点で物事を分析し判断できるスペシャリストだからです。

会計学のように…

ITの世界で会計学の複式簿記に相当するものは、各種モデリングをはじめとする設計手法でしょう。それを背後で支える知識体系として、会計学に相当するのが「ITアーキテクチャ」ということになります。その設計者は、現場の臨場感が薄くても、現場ユーザよりも偏りのない、中立で全体最適な業務分析・設計ができる立場にあるのです。

「業務コンシャス」になることを目指しましょう。即ち、ITシステムの設計段階で、それが実際の業務にどういったインパクトを与えるかを、絶えず自問自答し続けるのです。間違ってはいけません。「設計したシステムが業務にどう影響するか」をイメージするのであって、「現状の業務を忠実に模写する」ことではありません。

会計士のように…

デザイン（設計）には、「ある種の型にはめる」という要素が伴います。それを含めたデザインが、システム化における付加価値の源泉であり、出来上がったシステムの良し悪しを大きく左右します。予め汎用的なデザインが組み込まれているものがパッケージシステムで、自分で組み立てるのがスクラッチということになります。

筆者はかねてから、「ユーザヒアリングのまんまシステムを作ってはならない」とプロジェクトメンバーに言い続けてきました。ヒアリングの通り模写したシステムは、必ずといってよいほど、とても歪（いびつ）な型（デザイン）になります。やたらと複雑で例外だらけの仕組みはカオスであり、システム（コスモス）の対局に位置します。

システムとは、人間が創造する付加価値そのものを指します。カオスな現実に切り込むには秩序、統制、号令のようなもの（ロゴス）が必要です。システムがシステムであるためには、アーキテクチャが必要不可欠であることの理由がここにあります。企業システムにおいてその形は千差万別です。

1.6
Theory of IT-Architecture

ITスラム解消には都市計画

企業システムが大規模・複雑化した結果、ロジックのブラックボックスを招き、手が付けられない状態は、都市の“スラム化”に喩えることができます。本節ではこの問題と対策について、筆者なりの考えを述べてみます。

大企業に顕著なスラム化現象

スラム街とは都市貧困層の密集地帯で、通常の公共サービスが受けられない荒廃地区を指します。これらは巨大都市の周辺だけに見られます。企業が最新のITを矢継ぎ早に取り入れた結果、その周りに古いシステムが取り残された状況によく似ています。そしてこの現象は、ふんだんなIT投資が認められる巨大企業に顕著です。

スラム街は、都市から溢れた失業者や無産市民がインフラの整っていない地域に無秩序に住み着いて発生します。やがて道路が塞がれ、消防車もゴミ収集車も入れなくなり、火事が多発し、ゴミの山が築かれ、伝染病が蔓延します。企業システムのスラム化も、無秩序なシステム構築の結果、データの流通が滞り、メンテナンスが支障を来たし、やがてシステムトラブルが多発し、ビジネスの足を引っ張るようになります。

両者の共通点は言わずもがな、計画性の欠如が原因であることです。スラム化を防ぐには、まず都市計画ありきです。長寿を誇る大都市には優れた都市計画があります。ルネサンス期のイタリアの諸都市、西安や平安京、シャンゼリゼ通り、名古屋の100メートル通り等、アーキテクチャは違いますがいずれも将来構想がよく練られています。

企業システムではどうでしょうか? 最近でこそ「IT中期計画」を立てる企業が増えてきてはいますが…。目の前に大型の開発計画はあっても、10年後のあるべき姿を踏まえた綿密なIT計画は、描けていないのではないでしょうか。まだまだ都市計画のレベルには達しておらず、ほとんどが成り行きまかせでしょう。

話は少しそれますが、計画性の欠如したスラム街の中でも、逞しい人々が地域密着の小規模な自営のコミュニティを形成することがあります。情シス部門が統治できなくなり、ユーザ部門が自前で導入・運用する「シャドウIT」がこれに相当します。しかし所詮、ITを生業としないので、人事異動で組織は自然崩壊し、再び暗黒時代に舞い戻るのです。

ルール作りと責任の所在

話を戻し、計画立案の次に行うべきことは何でしょうか。それは計画から外れて思わぬ方向に行かないための、法制面の整備です。都市は都市計画法によって、利便性や景観などの秩序が守られています。そして責任の所在は国や地方公共団体であることが明記されています。

企業システムには何かのルールが働いているでしょうか。少なくとも、アーキテクチャ(構造)に関するルールはないのが実態ではないでしょうか。進化が速いTA(Technology Architecture、詳細は第7章)はともかく、普遍性の高いDA(Data Architecture、詳細は第5章)についてのルール化は十分可能です。また、責任の所在も、きわめて曖昧です。IT戦略立案をミッションとしている部門が、社規社則や稟議規定の中にIT企画に関する細則を掲げ、その適正運営をモニタできているでしょうか。CIO(または情報システム責任者)はその遂行に責任を負っているでしょうか。

これらの問いにはっきり「Yes」と言える企業は少ないと思います。日本の企業システムはまだまだ未成熟なのです。欧米ではIT成熟度(マチュリティレベル)評価が取り沙汰されています。秩序あるITを計画／実行するために必要な各要素を設定し、それぞれに対してランク付けを行い、企業のIT成熟度を測るモデルです。これにより自社のIT企画力・運営力を客観的に知ることができ、井の中の蛙にならずに済むそうです。そろそろ日本の企業も、自社のITの成熟度レベルをクールに診断する時ではないでしょうか。

スラムの発端は、都市部から溢れた失業者でした。突き詰めると、労働力の需供ギャップが原因です。ITスラムも、ビジネスの要求を的確に理解し、相応しいサイズのシステムを供給していけば防げるのではないでしょうか。それにはまず、システム開発の丸投げをやめ、自社でコントロールすることです。それでも徐々にシステムが汚れ、手の施しようがなくなった時は、スラムをまるごと撤去して、「再構築」に移るしかありません。しかしできるものなら、スラム化する前に、ITガバナンスの体制を整備しておくことがセオリーです。

1.7

Theory of IT-Architecture

ROI貢献への戦略マップを描く

元来、ビジネスと企業システムは表裏一体のはずです。企業システムは、絶えず事業経営に貢献し続けなければならないわけです。まずはROIの観点に立たなければなりません。しかし実際のところ、経営目標を頂点とするビジネスニーズから、具体的なIT戦略に落とし込むには、どのような立案プロセスを辿ればよいのでしょうか。

Web以外での売上貢献

近年、エンタープライズシステムには、手付かずの領域が少なくなりました。新規システム導入によるROIへの貢献が一段落し、「基幹系業務システムには新たな効果は見込めない」と思いがちです。他方、レガシーシステムのしがらみがないゲーム業界やWebビジネスでは、ITシステム自体が売上に直結するので、定量的な効果測定が容易です。しかし、前者には打ち手がなく、後者にのみ夢があるように思うのはいささか早計です。そもそもITの売り手と買い手のビジネスモデルは違うのです。

ITサービスを生業としない普通の企業(この方が圧倒的に多いでしょう)においても、社内業務でのIT活用の重要性は今後も変わらないでしょう。いえ、それどころか、基幹系システムにも顧客サービスの機能が求められるなど、スコープの拡大が必至です。一方のIT企業も、「紺屋の白袴」[2]で良いはずありません。つまりWebビジネスでも非IT業界の社内業務システムでも、ITの投資対効果が問われる理屈は同じなのです。

システム化投資のROI貢献は、売上拡大のほかにもいろいろあります。図1-4は、情

---

*2 藍染めなどを生業とする紺屋(こうや)が、自分はいつも白い袴を履いていること。他人のことに忙しくて、自分のことには手が回らないことの喩え。「医者の不養生」なども同じ。

図1-4 情報システムのBSC戦略マップ例

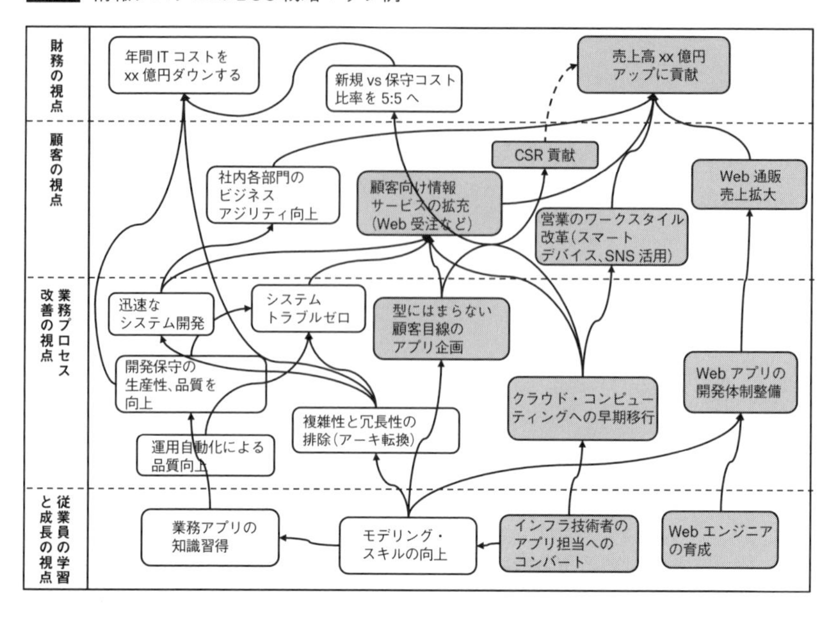

報システム部門のBSC戦略マップの例です。BSC[3]の説明は省略しますが、要するにこのマップは、財務目標を達成するために、顧客、業務プロセス、従業員の学習と成長というそれぞれの視点のアクションプランが、下から上へ連鎖的に機能する必要があることを示しています。図中の塗りつぶしたラベルは売上高につながる「攻めの施策」で、白いラベルはコストダウンにつながる「守りの施策」です。

見逃せないITによる「守りの施策」

マップ右肩 の「売上高xx億円アップ」に直接つながる右端の縦ラインがWebビジネス的と言えますが、そうではない「ビジネスアジリティの向上」や「営業ワークスタイルの改革」といったアクションも、間接的に売上拡大に貢献します。

非IT企業では、左肩の「ITコストダウン」によるROI貢献度合いの大きさは見逃せません。利益率10%のビジネスで1億円コスト削減するには10億円の売上増が必要で

*3 BSC: バランスド・スコア・カード。ロバート・S・キャプランとデビッド・ノートンが1992年に「Harvard Business Review」誌上に発表した業績評価システム。

すが、技術的進化の著しいIT環境では、工夫次第で1億の削減が可能だったりします。システムから複雑性と冗長性を排除してシンプル化したり、クラウド移行によりインフラを削減したり、計画性をもって取り組みましょう。

昨今では、CSR（企業の社会的責任）貢献も企業価値を高める重要な要素です。欧米の製薬会社が、自社の薬を処方された患者さん同志のコミュニティサイトを運営している例などがあります。日本では花粉飛散予測などの例があります。物を売ることだけが企業の存在価値ではなくなってきました。今後はB2Bの領域でも、B2B2CのC（最終消費者）をターゲットにしたIT企画が増えます。ITによる企業のROI貢献はますます多様化してくるに違いありません。

第2章

取り組むべき課題は何か？

前章のような各種問題提起がなされているなか、本章では、ユーザ企業の情報システム部門は、自社のシステムアーキテクチャを、どのような考えのもとで設計していけばよいかを説明します。これらの内容は、基本的にはEA（Enterprise Architecture、詳細は第4章）の見地に立っていますが、皆さんの企業情報システムに十分活用できる極めて実践的なものになっています。

Theory of IT-Architecture

ITアーキテクチャの担い手

企業のITアーキテクチャは、誰が考え、構想・設計し、牽引していくのでしょうか。またその活動は、どのように組織の中でオーソライズされ、報いられるべきでしょうか。ようやく日本でも「ITアーキテクト」という肩書きが普及してきましたが、明確な定義を得るには、先に「ITアーキテクチャ」の中味を見定めておく必要がありそうです。対象を明確にすることは、それを扱う者が果たすべき役割、必要なスキルおよびコンピテンシーを見極めることと、ほぼ同義であると考えるからです。

EAの知識体系とITSSの知識体系

今日、ITアーキテクチャを必要とする領域はたいへん広範囲に存在しており、それを設計すべき専門家の役割は多岐に渡ります。そのためもあってか、「どの部分のアーキテクチャのことを言っているのか?」が曖昧で、議論が噛み合わないことがしばしばあります。そこでまず、ITアーキテクチャに関する代表的な2つの専門性分類をご紹介します(図2-1)。

上段は、EA(Enterprise Archtecture)における分類です。詳細は第4章で述べますが、業務部品→データ部品→プロセス部品→インフラへと、ビジネスドリブンでIT要件へ落とし込んで行く過程に沿って、層ごとに専門性が分割されています。

下段はIPA(独立行政法人情報処理推進機構)のITSS-v2(ITスキル標準バージョン2)における専門性の分類です。こちらは情報システム内の各アプリケーションが中心にあり、それに横串を通す形で共通フレームワークが走り、その下をインフラ基盤が支えるといった建て付けです。さらに、他の情報システムとの間の相互接続性という大きな横串が加味されています。

EAとITSSの分類は、共にアプリケーションアーキテクチャ、インフラアーキテクチャ

図2-1 代表的ITアーキテクチャの定義

■EAにけるITアーキテクチャの分類

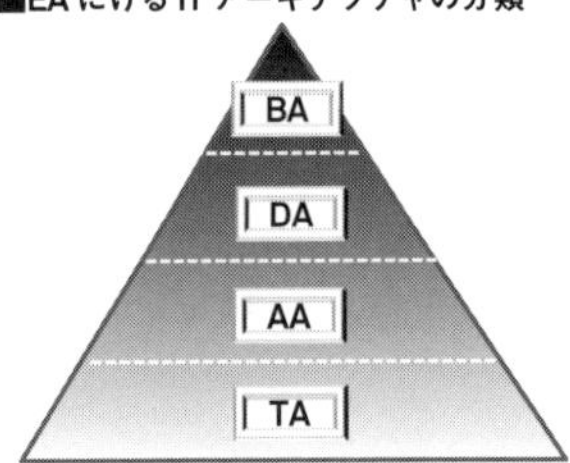

ビジネスアーキテクチャ：
企業全体の組織機能や役割の関連構造を見える化

データアーキテクチャ：
企業内の情報をデータ部品の組合わせ構造で見える化

アプリケーション・アーキテクチャ：
データを更新・参照する情報システム(プロセス)の関連を見える化

テクノロジー・アーキテクチャ：
情報システムを構築運用するIT基盤(ハード、ソフト)を見える化

■IPAにけるITアーキテクチャの分類

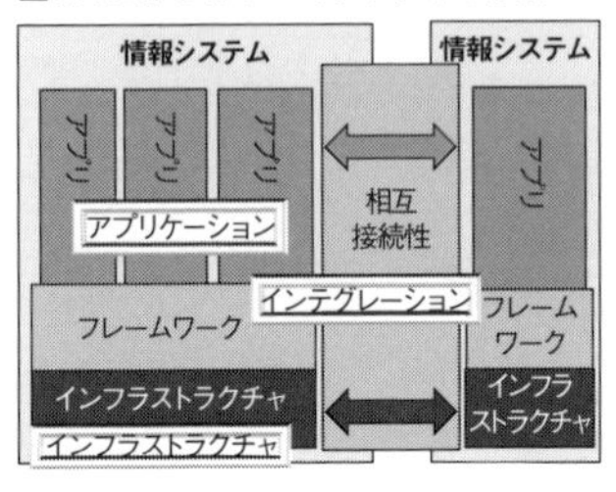

アプリケーション・アーキテクチャ：
ビジネス及びIT上の課題を分析し、機能要件として再構成する。機能属性、仕様を明らかにし、コンポネント構造、論理データ構造等を設計する。

インテグレーション・アーキテクチャ：
全体最適の観点から、情報システム間の統合及び連携要求を分析し、連携要件として再構成する。フレームワークおよび相互接続性を設計する。

インフラストラクチャ・アーキテクチャ：
ビジネス1及びIT上の課題を分析し、システム基盤要件として再構成する。システム属性、仕様を明らかにし、ネットワーク、プラットフォーム等の基盤を設計する。

(EAにおけるテクノロジー・アーキテクチャ)が存在する点では似通っていますが、目線の位置が異なります。

EAは名前のとおりエンタープライズ(ビジネス)に目線があり、各コンピュータシステムを超えた「企業システム」のあり方に主眼を置いたトップダウンモデルです。IPAのモデルはどうでしょうか。中心となるアプリケーション・アーキテクチャにおいて、ビジネスドリブンに「業務課題をITで解決する」という点では同様です。しかし、複数アプリケーションが独立して描かれており、横串を通しているのはフレームワークやインフラであって、他システムとの相互接続性には「後付け感」が拭えません。こうした点から見ると、主眼をコンピュータシステムの作り手に置いたボトムアップモデルだと言えそうです(そもそもITSSはIT人材のスキル標準なので、当然と言えば当然ですが…)。

2つのタイプのアーキテクト

両者には共通点が多いものの、出発点は異なります。EAでは最上段の「自社の企業モデル」が起点であるのに対して、IPAは「顧客のビジネス戦略」が起点にあります。よって、それぞれを設計するITアーキテクト人材のスキルマップでも、要求分析やモ

図2-2 2種類のITアーキテクトの融合

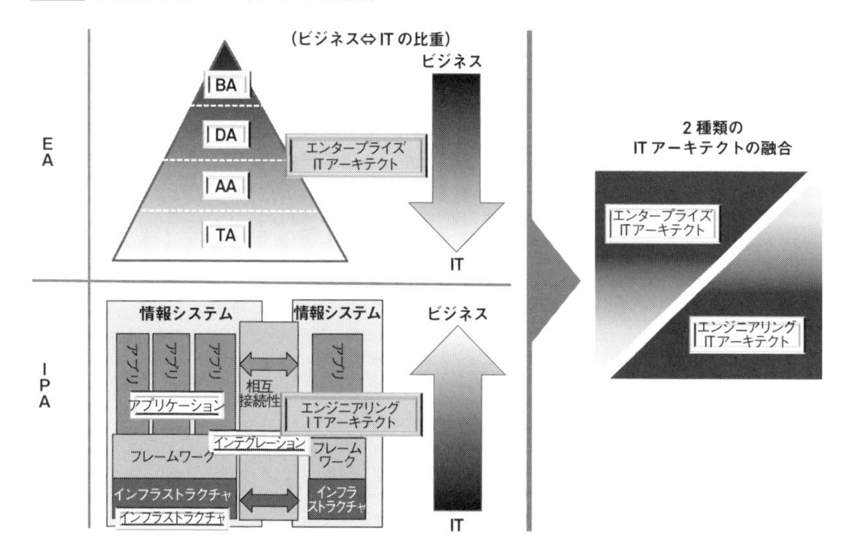

デリングのスキル等、個々の要素技術はかなりの部分で重なっていますが、どうしても重心の置き方が異なっています。

図2-2はEAとIPAで、アーキテクトの専門性が向かう方向を⇒で表し、ビジネスとITのどちら側の要素が濃いのかを色の濃淡で表しました。ITアーキテクトのカバー範囲はたいへん広く、レオナルド・ダ・ビンチのような万能の人でなければ、とても一人では全部をカバーできないでしょう。そこで筆者は、「ビジネスからITソリューションを考える」ことを生業とする人と、「ITシーズをビジネスの局面に活用する」ことを得意とする人の2タイプを想定することにしました。両者が補完しあってコラボレーションすれば、ベストなITアーキテクチャが描けるのではないでしょうか。

具体的な人物像をイメージしてみましょう。EAの方は、ビジネスを熟知しているユーザ企業の情報システム部門のアーキテクトが担い、IPAの方は、ITベンダ側のアーキテクトが担います。この似通っているけれども生い立ちの違う2人を命名するとすれば、前者は「エンタープライズITアーキテクト」、後者は「エンジニアリングITアーキテクト」といった具合でしょう。ちなみに、筆者は30年以上ユーザ企業に在籍したので、もちろん前者ですが、友人の多くは後者です。

2016年にザックマン（John A. Zachman）が来日した際、「EAはオントロジー（存在論）でありメソドロジー（方法論）ではない」としきりに述べていました。ITアーキテクトの定義に関し筆者が抱いていた違和感、置かれた立場によって起点が違うのではないかという疑問の源泉が、同氏の言葉で明白になりました。当時のメモを引っ張り出して見ると、「Ontology or Methodology ⇒ ×」、「Ontology and Methodology ⇒○」と書かれていました。つまり二者択一ではなく、両者は共存するということです。

企業情報システムのアーキテクチャ設計の現場では、EA的観点での普遍性の重視と、IPA的な具体的物作りの方法論が同時に必要です。また、構築をSIerへアウトソーシングせざるをえない場合には、EA的観点が抜け落ちないように気をつけなければなりません。

そして、アーキテクトの養成においては、各自の得意分野を磨くことは当然として、エンタープライズITアーキテクトは、よりIT寄りの知識を、エンジニアリングITアーキテクトは、よりビジネス寄りの知識を増やよう心掛けましょう。なぜなら、分業を常とする開発プロジェクトにおいて、個々の知識のオーバーラップは大いにプラスに働くからです。

適材適所を可能にするシステム構造

一般的なアーキテクチャ（=建築様式、構造、構成）を考えるに際して、見た目の美しさと共に重要なのが、耐久性や人間にとっての利便性です。建物の構成要素が各々の箇所に適した材料で構築され、全体としても機能することが理想です。 通常、適材適所とは「その人の適性や能力に応じて、それにふさわしい地位・仕事に就かせること」という意味です。しかし一説によると、「伝統的な日本家屋において、異なる特徴を持つ木材（松、ヒノキ、杉等）を柱や屋根などの箇所ごとに使い分けること」という意味もあるようです。

つまるところ、「人材でも資材でも、異なる尖ったものの組合せがもたらす力は、特徴のない平均的なものの総和を時に上回る、またはその可能性を秘めている」ということです。付け加えるなら、それらの組み合わせ方のノウハウが極めて重要なのです。

この適材適所という普遍的なセオリーは、企業情報システムの世界でもハード／ソフトの両面に適用できます。企業システムも建物や組織と同様に“人工的産物”として同じ特性を持つからです。図2-3で紹介するアーキテクチャは、筆者が30数年間の企業情報システム生活で、適材適所というセオリーのもとに完成させた実在のソリューションです。

LOBごとの最適システムの組み合わせ

エンタープライズシステムは企業ごとに違う顔をしています。それらの特徴を分析すると、業種・業態による共通項を見出すことができます。またその特徴は、各々のLOB（Line of Businessの略；販売物流、SFA、生産管理、会計、人事などの基幹業務アプリケーション）に表れます。例えば、研究開発の占める割合が大きな製薬メーカーの場合は、R&Dアプリケーションが重厚だったりします。食品メーカーの生産管理アプリケーションでは、原料から製品に至るトレーサビリティ機能が必須だったりします。

図2-3 データセントリックな適材適所アーキテクチャ

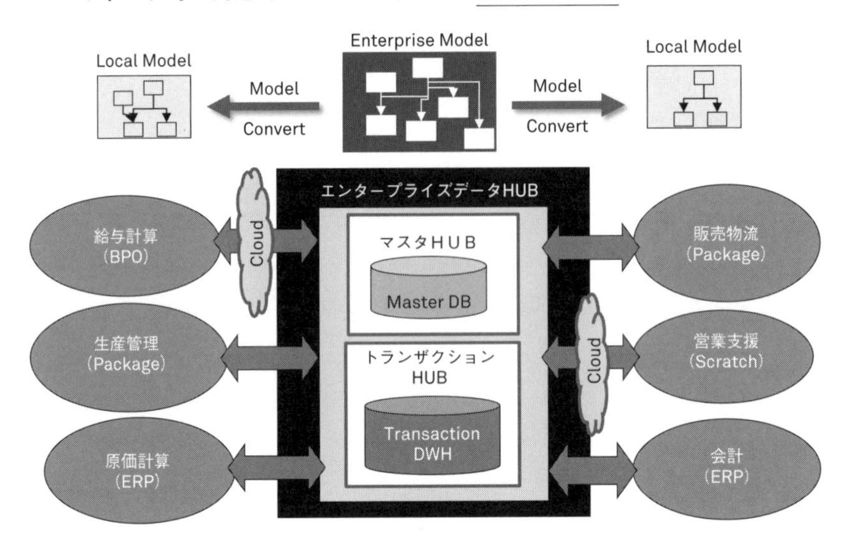

エンタープライズシステムの適材適所とは、このLOBごとの最適システムの組み合わせを指すことになります。決して、全てのLOBに世界最高の緻密なシステムをマッピングする必要はありません。むしろ、不必要に洗練されたシステムを適用すると、マイナス面が多くなります。分かりやすく言えば、「メリハリあるシステム構成」ということです。

LOBごとに適材適所で組み合わせた(ハブリッドな)システムは、一体成型の(モノコックな)システムよりも、企業特性を容易に反映することができます。しかし一方で、LOBごとのアプリケーションシステムがサイロ化し、LOB横断で共通利用すべきデータが、二重三重の管理となる危険性があります。この共有データを一元管理する仕組みが必要です。そのソリューションが、各LOBを間接的に結合する「エンタープライズデータHUB」です(図2-3)。

エンタープライズデータHUB

エンタープライズデータHUBは、マスタとトランザクションの2種類のデータベースを保有します。いずれもLOB横断で共通利用されるマスタ（組織、得意先、製品など）や、トランザクション（製品出来高、売上・受払い、売上原価など）を格納します。なお、マスタデータはそれぞれ異なるレコードデザインを持ちますが、トランザクションデータは、5W1Hを基準にしてレコードデザインが限りなく汎化され、淘汰された数種類に集約されます。

各々のLOBが市販のパッケージシステムである場合を考慮し、エンタープライズデータHUBとのインタフェース部分には、コード、データ、レコードの変換機能を備えます。このように各LOBは、エンタープライズデータHUB上のデータベースを経由して、お互いのデータを蓄積交換することになります。登録と参照を非同期に分離したこの「疎結合アーキテクチャ」は、拡張性と柔軟性に優れており、将来の永続性を保証しています。

このアーキテクチャでは、自社オリジナルのデータモデルを中核に据えることになります。その最大のメリットは、ベンダロックインとの決別にあります。システムサービス提供者側の都合に左右されることなく、自社のシステムを運営できるようになります。クラウドサービスが登場した昨今なら、アプリケーションだけでなくインフラストラクチャもベンダフリーになります。詳細は本書の第Ⅲ部、8章から10章で明らかにします。

旧いアーキテクチャの始末

残存システムの弊害

現時点で、日本の大企業がERP一筋から脱却できない状況は、2005年頃メインフレームから脱却できなかった状況によく似ています。また、1995年頃オフコンからPCサーバに移行できなかった状況にも似ています。さらに10年遡れば、1985年頃COBOLから脱せられなかった状況にも似ています。そして残念ながら、現在でもこれら全てを使っている企業は思いのほか多くあります。この30年間に、これほどITのアーキテクチャが進化したにもかかわらずです。

理由は明白です。新たなアーキテクチャが出現すると、ユーザ企業はITベンダからそれを調達します。適用対象は、ちょうどその時期に企画されたアプリケーション開発になります。このとき、他の既存アプリケーションは旧いアーキテクチャのまま放置されるのです。旧いアーキテクチャで作られたシステムの後始末は、ユーザ企業自身のほかには誰もやってくれません。ベンダは新しいITを売って"なんぼ"ですから。

では、旧いアーキテクチャを残しておくと、何が問題になるでしょうか? とりわけ進化が速いのは、TA[1]とAA[2]（物理DBの配置も含む）です。TAが新旧混在すると操作性の問題が生じますが、AAの新旧混在で生じる相互接続性の問題の方が厄介です。たとえ過渡期には互換性を保証しても、いずれ対応不能となります。

そして何より大きな問題は、新旧の両方を熟知したエンジニアがいなくなることです。ベンダ側では新たなアーキテクチャへの人材シフトで、旧アーキテクャ人材が枯渇してきます。ユーザ側では、旧アーキテクチャを知る人材がリタイアし、一層深刻な事態に陥ります。挙句の果て、これら全ての問題はITコストに転嫁されるのです。

*1　TA：EAの構成要素の１つであるTechnology Architectureの略。
*2　AA：EAの構成要素の１つであるApplication Architectureの略。

図2-4 アプリケーション構築ロードマップ（例）

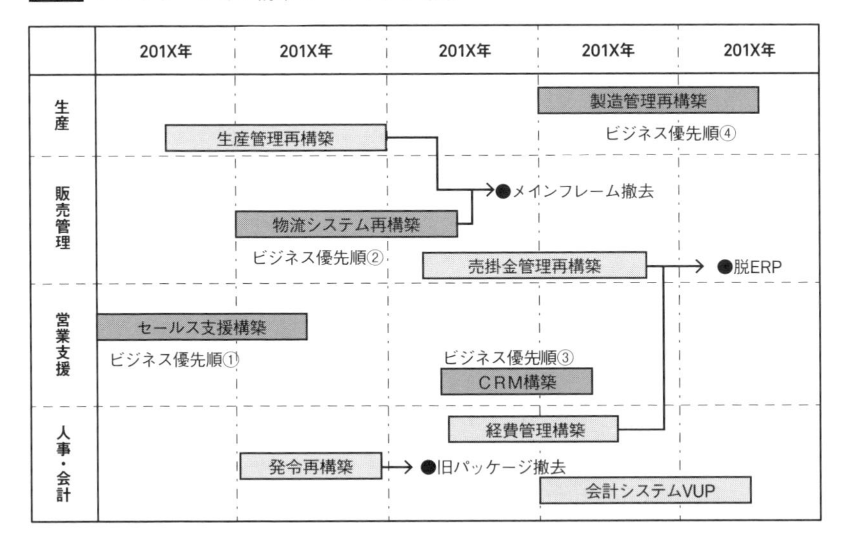

ITアーキテクチャの世代交代を計画する

したがって、ユーザ企業が中長期のIT投資計画を立てる際には、このアーキテクチャの転換を十分に考慮しなければなりません。近年の巨大化、複雑化したシステム環境では、転換に3～5年の期間を要するからです。IT投資計画のロードマップでは、ROIの観点から、ビジネスニーズに基づく投資が最優先となりますが、その次に優先されるのが、このアーキテクチャ転換の課題解決です（図2-4に両者のミックス例を記載しました）。

世の先陣を切る必要はありませんが、ほどほど遅れないように追従することが肝要です。新たなアーキテクチャがもたらすメリットを享受することで、ビジネスのケイパビリティ[3]向上に貢献するためです。

旧いアーキテクチャの後始末は、社内情報システム部門の責務です。情報システム部門のない会社では、社内IT資産の管理責任部署の責務です。CIO（または情報システム部長）は、あと片付けの実行、あるいは実行の決定をせずに、次世代にシステムを引き継いではなりません。それゆえ、CIOの任期は最低5年以上必要です。

*3 ケイパビリティ：企業が得意とする組織的な能力のこと。スピード、高品質、効率性など。

拡大する企業システムのスコープ

前節で見たロードマップでも、個々のプロジェクト企画でも、常に目線の高さを意識し、「全体のなかのどこをやろうとしているのか」が明確でなければなりません。そして、しばしば情報システム企画は、そのスコープを拡大した時に価値を最大化します。極論すれば、個々の企業情報システムの進化は、この「システムスコープ拡大」の総和によってもたらされると言うことができます。

果たして企業システムのスコープは、今後どのように拡大していくのでしょうか。本節では「システムスコープ拡大」の具体的な様子について、製造業をターゲットに説明しますが、ほかの業種でもしばしば同じことが言えます。IT戦略を立案する際に、「ビジネスモデルが変り映えしないので、IT戦略の目玉となる新機軸がどうも思い浮かばない」とお嘆きのユーザ企業の皆さんにも参考になるでしょう。また、「エンタープライズはどうも面白みに欠ける」とおっしゃるエンジニアの方にとっては、新たなITシーズを有効活用するためのヒントになるかもしれません。

顧客視点の範囲拡大

さて、企業のIT戦略立案の初期段階の成果物に、BSC（バランスド・スコアカード）戦略マップがあります。第1章の「ROIへの貢献」でも述べましたが、IT戦略の結果は「事業の収益や企業価値向上に繋がってなんぼ」のものです。そこでポイントとなるのが「顧客の視点」です。

B2B2Cの根元にある企業の社内システムにとって、従来「顧客」の意味するところは一次顧客が主体でした。例えばメーカーの販売先は、販社や商社だったわけです。もちろん、その先の二次顧客を管理するシステムが皆無ではないでしょうが、SCM（Supply Chain Management）としての扱いは薄かったと言わざるをえません。

図2-5 SCMシステムのスコープ拡大(例)

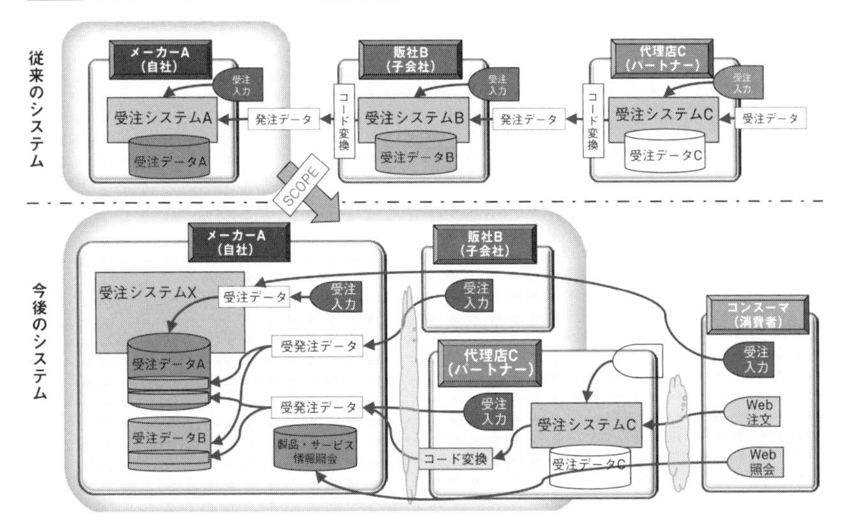

近年ではメーカー直販やWeb通販のような販売形態もありますが、ビジネスモデルとしては相変わらずパートナー経由が販路の主軸ではないでしょうか。しかし、システムに目を向けるとどうでしょうか。サプライチェーンそのものは大きく変わらなくても、変化は少しずつ起こっています。

従来、別会社のシステムだった販社の受発注システムと、親会社の受発注システムが統合したり、あるいは、B2B2B2C型で、販社の先にある代理店(3番目のB)へ受発注システムが"提供"されたりしています。つまり、会社、法人を越えてアプリケーションを共有し、情報品質の精度・鮮度の向上や、業務効率化を図るという動きです(図2-5参照)。「ひとつのシステムの適用範囲の拡大は=単位面積当たりのコスト効果が大きい」——このことは、ソフトウェア設計における大事なセオリーです。

また近年では、対象範囲がBだけでなく、C(最終消費者)にまで及ぶ例が増えています。直接Web販売ができない会社でも、商品・サービスの価値やCSR活動をSNS等で最終顧客に訴求すること等は、既に当たり前となりました。

これらの傾向は、いったい何を意味しているでしょうか。BSCにおける「顧客の視点」の範囲を、一次顧客だけでなく二次、三次、さらには最終顧客、そして商品・サービスを直接は購入しない"全てのステークホルダー"にまで広げて解釈することです。そこへ向けて商品・サービスさらには企業価値を訴求するために、ITを用いて業務プロセスをどう変えたらよいか?を考えることにほかなりません。この「顧客」の捉え方の変化によるシステムスコープの拡大が、ROI貢献の糸口になるのです。

マルチカンパニー化によるスコープ拡大

さて、このようにスコープが拡大される段階では、当然、企業情報システムのアーキテクチャにも 変革が求められます。

最初に考えるべきは、システムが一企業法人を越えることに伴う"マルチカンパニーモデル化"です。従来のシステムの主人公は"自社"であり、暗黙のうちに1社のみが利用可能でしたが、それを"複数会社"で利用可能な構造に変えることです。このことは、連結会計が義務付けられた際の単体会計システムの一本化や、グループシェアードサービス化を実施した企業では経験済みでしょう。また、SaaS等のサービスベンダでは、当たり前のモデルかもしれません。しかし初めてこれに直面するユーザ企業にとって、SCMシステムにある全エンティティのキー項目に、DA的観点から会社コードを加える変更は、そう簡単ではありません(やり方はここでは省略します)。

さらに、このスコープの拡大では、情報セキュリティやプライバシー保護にも考慮しなければなりません。商流を越えて、異なる利害関係者が同一のシステムを利用することになるので、データのアクセス権に関して、利用企業や組織に応じたキメ細かい設定が必要となります。また、商流の下流になるほど最終顧客に近づくので、B2Bでは不慣れだった個人情報の取り扱いが発生してきます。これらにはきちんと対応しておきたいところです。

明日のITへ向けた"攻め"

スコープの拡大では、IT新機軸の有効活用が"攻めの戦略"の重要なポイントになります。B2Bのみの時は社内システムでしたので、「まず目的を理解し、操作マニュアルを読み、運用ルールを覚えて…」と、ユーザ教育を前提にして活用度合いは成り立っていました。ところが、他社からのデータエントリーや、最終顧客からのシステム利用となれば、新しいIT技術をふんだんに採り入れた高いユーザビリティが必要となります。そして人手を介さない究極のインタフェースとして、IoTの活用も望まれます。

システムのスコープ拡大は、少なからずビジネスのROI向上をもたらしますが、同時に、企業システムのアーキテクチャも変えていくことになります。最近、「情報システム部門不要論」や「SIの崩壊」といった記事を目にしますが、彼らに課せられた仕事は山ほどあります。ユーザ企業の情シス部門もSIerも、目先の問題解決に奔走する日々から早く脱して、明日のITについて議論したいものです。

構想は大きく、着手は小さく

「Think Big, Start Small」(大きく考え、小さく始めよ)という言葉は、アーキテクチャ主導でシステムを構築するのに、最も適した標語だと筆者は思っています(決してIBMやアップルの受け売りではありません!)。

ちなみに「小さく産んで大きく育てる」というのとは、計画性の観点で若干ニュアンスが異なります。ここでいう計画性とは、ほかでもないシステム実装の前に「全体モデリング」を実施することを指します。本節では、実際のシステム化構想の局面で、この標語にピッタリの事例をご紹介します。地味な話ですが、「一世一代の大規模システム構築!」とぶち上げげた企画案件よりも、コツコツと着々にステップアップした方が、案外良いシステムになるものです。

事例:小規模案件をチャンスに

2006年頃、社内メールのアカウントを登録する小規模なシステムの老朽化対応が持ち上がりました。当時全盛のExchangeのユーザアカウント情報を、マイクロソフト製品の外側から登録する仕組みです。この要件を受けて、図2-6のような概念モデルを描きました。ADアカウント登録⇒個人ITリソース管理⇒ITリソース管理へと汎化するにつれ、システムスコープは大幅に拡大していきました。

まず「ネットワークユーザ」というクラス定義では、その中の「社員」の異動情報と人事システムとの自動連動が期待されました。同時に、マイクロソフト製品以外のネットワーク連携が可能な構造になりました。さらに「個人ITリソース」というクラス定義では、PCハード/ソフトの台帳管理の省力化が期待できました。そして行き着くところ、対岸にある「共通ITリソース管理」への発展にまでイメージが膨らみました(図2-6参照)。

その後、実装を考える段階で、構築予算がADアカウント登録システムの分しかない

図2-6 個人ITリソース管理システム

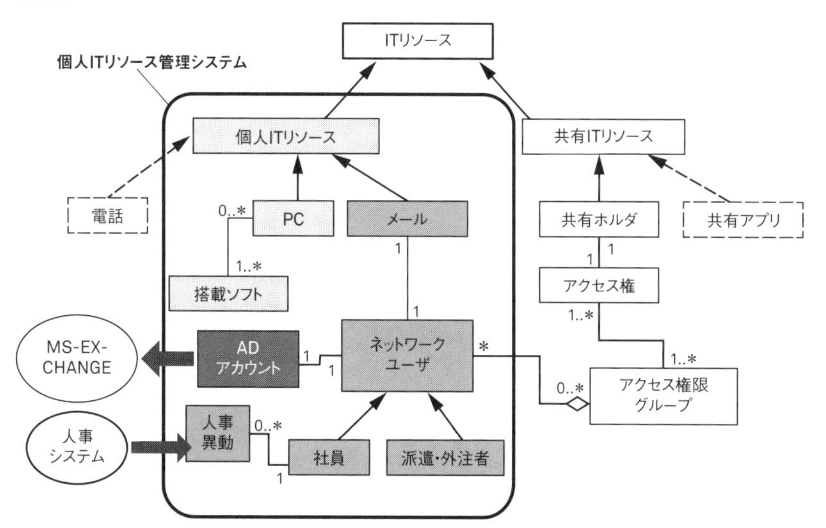

ことが判明しました。また、ADアカウントの連動は、セキュリティ対策として早急に実行したいとのこと。このような背景からプロジェクトは、第1ステップで人事連携からメールアドレス管理、第2ステップPC管理を実施し、1年足らずで全稼働しました。モデリングの段階では大きく全体を対象とし(Think Big)、実装の段階ではステップ・バイ・ステップで小さく始める(Start Small)ことは、まさに大規模システム開発のセオリーです。

汎化がもたらす大きな効果

この例のように汎化がもたらすスコープの拡大は、汎化に要する投資と比べて、はるかに大きな効果をもたらします。ソフトウェアの付加価値は、まさにこの抽象化デザインの恩恵にこそあります。

第1章の「1.5 業務部門からの自立」で「ヒアリングのままシステムを作らない」と言ったことを思い出してください。この汎化の連鎖にどれほどの時間を費やしたでしょうか? ——おそらく半日程度だったと記憶しています。もしも要件どおりのADアカウント管理システムをスタンドアロン構築していたら、どうなっていたでしょうか。微小なROIに終わっていたこと間違いなしです。システムのスコーピングの際は、今いちど、このような汎化の可能性を考えてみましょう。

2.6
Theory of IT-Architecture

エンタープライズのその先へ

本書ではエンタープライズレベルにおけるITアーキテクチャの今後のあり方を述べていますが、必ずしも1企業体のアーキテクチャ設計をゴールとしているわけではありません。つまり、「エンタープライズ・アーキテクチャ」の意味するところは、もはや1企業の全体アーキテクチャにとどまらず、様々な企業グループでの全体最適を目指す時代へ突入しているのです。

Beyond Enterprise

考えてみれば、ザックマンがEAフレームワークを考案した1987年、企業情報システムはERPさえ登場していない黎明期にあり、子会社との連結決算も義務付けられていませんでした。よって当時は、一企業のシステムをくまなく完成させることがゴールでした。翻って近年のビジネス環境はどうでしょうか。内向きに考えると、「相変わらず個人の報酬は会社から支給され、その額は企業の損益に左右され…」となりますが、ひとたび外を向けば、M&Aの日常化、サプライチェーンのグローバル化、研究開発での企業連携など、明らかに一企業の枠を越えてパートナーとコラボレーションする機会が格段に増えています。

前節でも述べましたが、システム（ソフトウェア）は、一つ外側の世界をスコープに取り込み汎化することで、単位面積当たりの効化が倍増するという特徴を備えています。言い換えれば、スコープを小さくまとめたシステムは、シンプルですが、拡張時に莫大なコストと時間を要します。よって今後の企業情報システムのアーキテクチャを考えるに（少なくともアーキテクチャのデザインとしては）、一企業の狭い世界をスコープとしていたのではダメで、一歩外へ踏み出し、企業を、国を、文化を越え、地球規模でのシステム化を視野に入れる必要があるのです。電子商取引ひとつをとっても、足元だけを見て構築した個別システムを何とか接続する従来型のEDIではなく、全体最適化の設計から落とし込まれたものでなければなりません。

地球規模のアーキテクチャへ

では、地球規模をスコープとする21世紀の企業情報システムのアーキテクチャは、いったいどのようなものがよいでしょうか?「グローバルでボーダレスな商取引が前提でかつ、細部のルールは単一ではなく多様性に配慮したものであり、さらには不確かな将来に向けての柔軟性を持ち合わせたアーキテキチャ」でなければなりません。ERP導入が一段落した国内企業の次の一手はまさに、この(企業を越えた)スコープ拡大への対応です。本章2.4節でも述べたように、システムのビジネスへの追従が急務なのです。

この壮大かつ曖昧なスコープ拡大へ対応するには、どう考えてもERPのような従来型の密結合アーキテクチャでは困難です(むしろERPは全体システムの一部と化すでしょう)。なぜなら、密結合システムを維持し続けるためのコストと時間が、ビジネスの要請に抗する程のオーバーヘッドになっているからです。柔軟な疎結合アーキテクチャへの転換が、もはや必要不可欠です。さらにその転換は、ビッグバンのリスクをヘッジした、緩やかな移行でありたいものです。さしずめキーワードは、疎結合インタフェース(コンポーネント間の~、システム間の~、リージョン間の~)。そして都市計画型マイグレーションといったところでしょうか。

ここ数年、世界は本当に狭くなってきたと感じます。何よりもICTの進化によるところが大です。その一方で、猛烈な勢いで溢れるデジタル情報のカオス化を、統制・制御していくことも必要です。ITが撒いた種を刈り取る責任は、私たちIT従事者にあります。「ブラックボックスと化した既存システムを可視化する」という地道な作業は避けて通れません。情報システム部門の仕事は山ほどありますが、ここは腕力ではなく、専門家らしくモデリング等の科学的手法で臨みたいものです。焦らずに着実に、といっても考え過ぎずに、最初の一歩は早めに踏み出してみましょう。

本節では10年ほど先を想像してみました。「極めて現実的」と思った方も(特にグローバル進出の著しい企業では)いらっしゃるでしょう。Beyond Enterpriseで、少なくとも企業の枠を越えてシステムをデザインする必要性は、今以上に高まるに違いありません。

第3章

取り組みにあたっての留意点

本章では、ユーザ企業の情報システム部門が全社的なシステム課題の根本的解決に向けた取り組みを行っていく際に、ぜひとも念頭に置いておくべきことを、各種のアンチパターンとともに紹介します。ここに取り上げるものは、いずれも誇張ではなく、今日の企業情報システムによくある実例です。ぜひとも、取組みの前に目を通しておいてください。また、不幸にして既にアンチパターンに陥っていたとしても、今後大きな拡充が予期される企業システムは十分に再生可能です。これからの軌道修正の参考にしてください。

デザインスコープとプロジェクトスコープ

最初に、前章でも触れた「システム化のスコープ」について考えてみましょう。スコープ(システム化範囲)は、システム構築プロジェクトの最も重要な前提条件ですが、ともすると「プロジェクトをそつなく完遂させるための範囲」と捉えがちではないでしょうか。この誤った解釈のせいで、いかに従来の企業システムが近年のビジネスに追従できなくなっているか、そして、どうすればこの制約事項の影響を免れ、変化に対応できるかを説明します。

ToBeを実現するためのスコープ拡大

最近のシステム再構築案件のうち、単なるプラットフォームの老朽化対応やオープン化対応を除いて、「ビジネスのあるべき姿(ToBeモデル)」の実現を目指す案件の大半は、実はスコープの拡大に相当すると言えます(そうでないものは、スコープを変えずに機能拡充を図るなどです)。

典型的な過去の例には、会計システムにおける2000年3月期の連結決算の義務化がありました。単一法人からグループ会社法人群へとスコープが拡大し、今やグループ経

図3-1 システム化のスコープは？

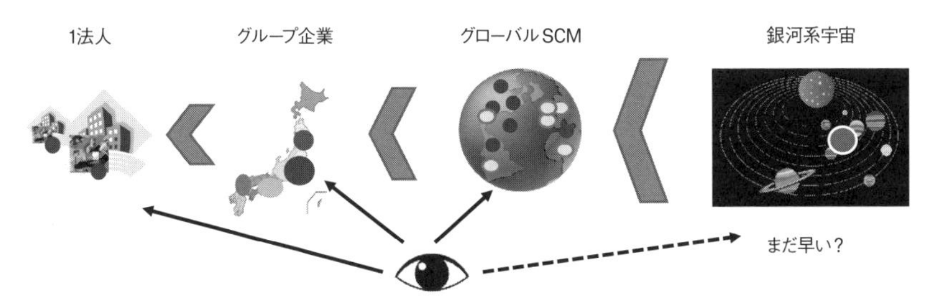

営は当たり前です。また、M&Aや新規事業進出により、新たなビジネスモデルに対応すべく、スコープの拡大を迫られるケースも少なくありません。さらには、取引のグローバル化やインターネットの普及に伴い、資本関係のない企業とのデータ交換も活発になり、そこでもスコープ拡大を迫られるようになりました。

これらのスコープ拡大は、1980年代前半の企業システムの黎明期には到底予想できなかったビジネスの変化が原因なので、致し方ありません。それでも、ビッグバン再構築にまで至らないように設計することは可能だったと思います。

ここで最も陥りやすい誤解は、「**デザインスコープとプロジェクトスコープの混同**」です。大規模なシステム構築プロジェクトにおいて、プロジェクトスコープの誤りは致命的です。リスク管理を重視して、ユーザ要件を満たす最小限のスコープを描き、段階的構築をしてROIを得ていくことは間違いではありません。問題は、そのプロジェクトスコープの外側には、あたかも世界が存在しないかの如きデザインスコープではダメだということです。「システムのデザインスコープを決める」ということは、「システムのコンテキスト(暗黙の文脈)を決定する」ことにほかなりません。もし、スコープ外のものが出現したら、識別子が足りない事態となります。

極めて具体的な実例

ここで、ソフトウェアの汎化概念を適用し、(少なくとも1つ)外側のスコープを表現してみましょう。例えば、当面は1法人しか扱わないシステムでも、(グループ会社内の)他の法人も扱う"可能性"があるとしましょう。この場合、少なくとも「扱い会社コード」というメタデータ属性を、各エンティティの主キーの1要素として、予め加えておくだけでよいのです。最初のプロジェクトスコープが単一会社であれば1社分しかデータが格納されず、識別子は実質役に立ちませんが、それでよいのです。

ところで、気の利いたERPパッケージ製品では、マルチカンパニー(複数会社対応)、マルチランゲージ(多言語対応)、マルチカレンシー(多通貨対応)の3つのマルチ要素について標準で考慮しています。また、CRMにおける顧客定義の例では、現状では販売実績の発生した顧客を対象範囲としつつ、将来のマーケティング戦略を考慮して、見込み顧客も予めデータモデル上に設計しておくようになっています。見込顧客に関する各種プロセスの実装は、次期プロジェクトの段階で構いません。

ウォータフォールでは特に要注意

上記の「デザインスコープをプロジェクトスコープと同様に扱う」という誤りが起こりやすいのは、多分にウォータフォール型開発手法（WFと略）を適用した場合です。なぜなら、WFでは初期段階でプロジェクトスコープを確定し、中盤以降のフェーズでのブレを極小化しようとするからです。そこでは、システムの柔軟性を担保する「設計の汎化」によるスコープの拡張性が考慮されていなくても、大きな問題にはなりません。特化型設計の限界が露呈するのは、ビジネスモデルに変化が生じる数年先でのことです。たとえERPパッケージを適用していても、事業会社ごとに特化したアドオンやカスタマイズを施した場合、残念ながらERPのメリットは活かしきれません。

一方でアジャイル型開発では、請負契約に縛られたWFのように厳格なスコープは存在しません。開発途中での少々のスコープの変化は、少なくとも準委任契約の期間内であれば「有り」です。本書では開発方法論の詳細には立ち入りませんが、WFでは"面白いシステム"が出来にくい背景がここにあります。言い換えれば、デザインスコープの汎化による発展的発想の芽を摘むことになりかねないのです。

「システムのデザイン段階におけるスコーピングは、将来の柔軟性を左右するタスクであり、WF型開発に顕著なプロジェクトのスコーピングと混同しないこと」。これはDA、AAどちらの観点からも重要なセオリーです。

3.2

Theory of IT-Architecture

システム再構築か コンバージョンか？

近年、とても残念に思うことの1つは、システム再構築の意味が誤解されることです。再構築のきっかけは様々です。永く使い続けたメインフレームのダウンサイジングであるとか、ERPを含め2000年前後に構築したオープン系システムが機能面やコスト面で行き詰る等、それなりの理由があります。しかし経営側から見た再構築の結果は、高額の投資に見合う効果が得られていないケースが少なくありません。もういちど、システム再構築の意味を考えてみましょう。

何のための再構築か？

企業のビジネス環境やIT環境は、10数年も経てば変わるのが当然ですから、それに応じたアーキテクチャの転換が必要になってきます。そのサイクルをEAの層別に見ると、TA⇒AA・DA⇒BAの順に長くなります。最も進化の速いTAには7 ～ 8年ごとに転換期が訪れますが、新しいハードウェアやネートワークは比較的安価に転換可能です。次のAAやDAは、ITシーズ主導のTAほど速くはありませんが、ビジネス環境の変化により、14 ～ 15年で転換が必要となってきます（図3-2参照）。

問題は、各層別のライフサイクルに即して、適切なアーキテクチャ転換がなされているかです。というのも、15年に1度の再構築のチャンスに、DAとAAに手を加えず、TAの入れ替えだけで終える事例が多いからです。既存システムのロジックがブラックボックスであることを理由にして、プログラム言語を新プラットフォームで稼働可能な言語に変換する等です。このTAだけの入れ替えは、通称「ストレートコンバージョン」と呼ばれ、そこに、本来の再構築に匹敵する費用をかけるケースも珍しくありません。最近、このストレートコンバージョンを、ベンダは「マイグレーションサービス」と称しています。

図3-2 EA各層におけるシステム再構築の周期（イメージ）

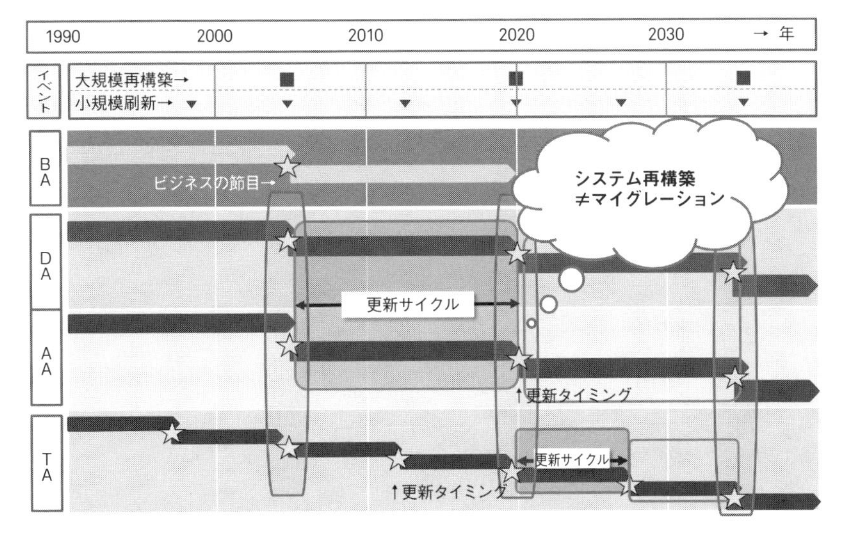

唯一、ストレートコンバージョンが有効なのは、次のようなケースです。あるレガシー環境（メインフレームやオフコン）にある業務アプリをオープン環境に再構築する際に、ビジネス側から変更要請のない枯れた別のアプリがレガシー環境に残ったとします。この残存アプリにストレートコンバージョンを施して、レガシー環境を完全撤去に持ち込み、大幅な固定費削減を実現するのです。このケースのマイグレーションサービスはとても有効です。しかしどう考えても、マイグレーションは再構築プロジェクト全体の中核にはなり得ません。

だいいち、ツールでコンバージョンされてさらに読みにくくなったソースコードを、誰がメンテしたいと思うでしょうか。将来の環境変化に耐える情報基盤を提供することは、情報システム部門の責務です。自分の世代だけが平穏無事に終わればよいというわけにはいきません。ツールでストレートコンバージョンされたソースを任される世代の気持ちを、考えたことがあるでしょうか。どうせベンダ任せになるから構わないのでしょうか。

15年先まで禍根を残すか？

15年に1度の再構築では、次の15年先を見越したDAとAAの見直しが必須です。

前後合わせて30年もの間、ビジネス環境が変わらない企業は滅多にないでしょう。

冷静に考えれば、こうしたことは誰でも分かります。ところが開発現場では、しばしばプロジェクトの完遂だけを極度に意識し、AAとDAが手つかずのまま再構築が終わってしまいます。そもそも本物のCIOが不在の日本では、先送りにされても致し方ないのかもしれません。CEOはITに疎く、ストレートコンバージョンと再構築の見分けはつきません。そしてベンダは、手離れの良いTAの転換には積極的ですが、ややこしいDA・AAの転換には消極的です。昔のSIerにはDA・AAのスペシャリストがいましたが、パッケージシステムの勃興とともに姿を消しつつあるのが実態です。

システム再構築の誤解は、ユーザ企業が自社のシステムの将来を真剣に考えないことに起因しています。エンタープライズ・アーキテクチャは、ユーザ企業が自分で考えるしかありません。BAはもとより、いくらお金を積んでもDA・AAをベンダから調達するのは困難です。コンサルタントも助言はできますが、決めるのはユーザ企業自身です。必要な社内リソースを投入し計画性をもってすれば再構築は可能です。但し丸投げは禁じ手です。システム再構築に直面している皆さん、今いちど、自社のシステムがどのような局面に差し掛かっているかを考えてみましょう。経営視点での高い評価を得るためにも。

「ビジネスイノベーションありき」で臨む

前節のストレートコンバージョンは論外としても、投資に見合う本来のシステム再構築とは、どのようなものでしょうか。筆者の解釈では、新システムの価値＝F（ユーザニーズ＋新たなITシーズ）、つまり「価値はニーズとシーズの総和の関数」で求められます。待ちに待った投資タイミングの到来ですから、目の前のユーザニーズを満たすだけでなく、ITがもたらすパワーを存分に活かして、業務や生活の様式を変える新たな価値創造を狙いたいものです。ここでのITシーズは新しいハードウェアにかぎらず、新志向のソフトウェアやアプリケーションも含みます。「狙いたい」としたのは、これが簡単ではないからです。

大事なのはプロダクト

現実のところ、皆さんの周辺にある再構築プロジェクトはどうですか。近年ではコンサルタントの普及もあり、企画段階では、モバイル技術や高速演算等の新たなテクノロジーを活用した業務改革（BPR）を伴う案件が増えています。しかしながら構築プロジェクトが発足し、要件定義工程が進むにつれて、不思議とBPR部分が薄れてきませんか。そしてその傾向は、ベンダ主導のプロジェクトの場合に顕著です。これは「プロジェクトを無事に終える」という意向が、「良いプロダクトを構築する」という意識を上回り、チャレンジ精神が萎むという現象です。

リスクアセスメントばかりが先行して、少しでも難易度が高いと挑戦しない姿勢は、ITによるイノベーションの芽を摘んでしまいます。これでは10数年に1度、多額の費用と長い年月をかけて出来上がったシステムが、大変もったいないことになります。ハードウェア、OS、プログラム言語といったプラットフォームが新しくなっても、機能が以前と変わらなければ、ビジネスイノベーションはゼロです。たとえブラックボック

図3-3 アイデアを出すブレーンストーミングはユーザ企業で！

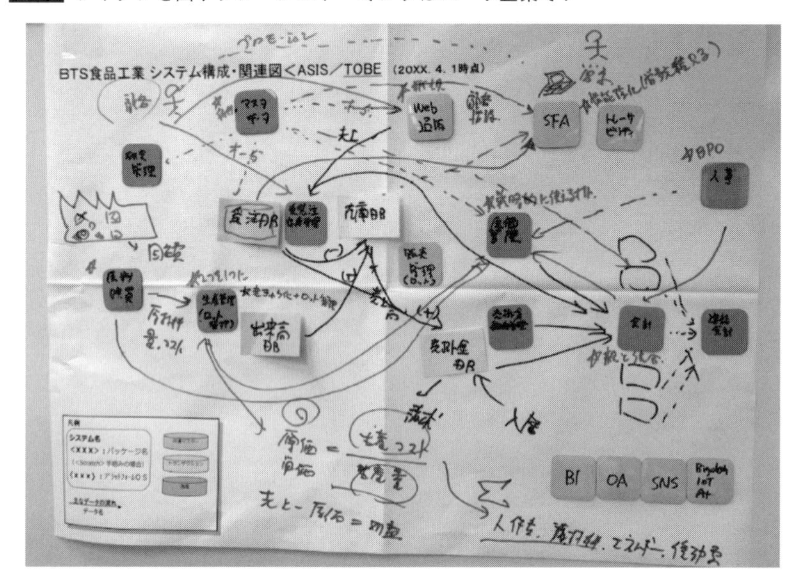

スが解消され、ソースコードが綺麗になったとしても、「コンバージョン」であることに変わりはありません。

再構築とコンバージョンの違いは明らかです。再構築は新システムを「創る」、コンバージョンは新システムを「作る」といったところでしょう。ところが、企画段階で両者を識別せずに、曖昧なままシステム構築に臨むケースは驚くほど多いのです。仮にコンバージョンであれば、そのことを明記して、速やかにベンダへアウトソースすべきです。そうでなく再構築であれば、最後までイノベーションを追い続けなければなりません。BPRの設計を構築ベンダに求めてはいけません。一般的に、構築ベンダの品質管理(Quality Cost Delivery)におけるQualityはバグの少ないコードを指し、魅力的であることは必ずしも必要条件とされないからです。

イノベーションは購入できない

メソドロジーやフレームワークは、生産性を意識してシステムを量産するためにのみ機能します。革新的なシステムを“創る”には、ユーザ企業側のアイデアが必要不可欠です。そのためのブレーンストーミングに多くの時間を費やすべきです。新たなITがもたらす価値を、自社の業務にどう活かせるか？ プロセスやデータのデザインを汎化することで、システムスコープを拡大できないか？ データのさらなる上流エントリーで、革新的ワークフローを実現できないか？ 等々、イノベーションのネタはまだまだ転がっています。今まで実現不可能と思っていたことでも、新たなITにより解決できることは間違いなく増えています。

さりとてイノベーションは、簡単には遂行できません。エンドユーザへの地道な説得も必要です。プロジェクトの納期もコストも守らねばなりません。様々な制約事項によって、イノベーションのネタも少なからず削られていくでしょう。しかし、当初目論んだ新システムの"売り"の部分は、「絶対に譲らない!」という信念を持ち続けましょう。さもないと、尖った部分は全て削られ、真ん丸のつまらないシステムが出来上がるだけです。初期のシステム化の目的をキープすることは、紛れもなくプロジェクトマネージャの責務です。経営にも現場にも魅力的なシステムとすることを、最後まで諦めてはなりません。

アプリをSoEとSoRに分ける是非

最近、SoE（System of Engagement）、SoR（System of Record）という対になった言葉をよく目にします。SoEとは、顧客との関係強化を目的に、最新のインターネット技術を駆使したシステム群です。SoRとは、従来型のトランザクション処理を中心にしたミッションクリティカルな基幹システム群のことです。

この分類は米国のマーケティング学者ジェフリー・ムーア氏のレポートに端を発します。「今後の企業ITのマーケットはSoEが主流になる」といったマーケティング観点での台詞が、日本のIT業界でも、アプリケーションのスタイルとともに頻繁に使われるようになったわけです。本書ではユーザ企業側の立ち位置で、この分類がもたらす影響を考えてみます。

投資目的の違いに由来

まずは、アプリをこの2つに分類することで、経営に対して、個々の投資目的を明確化することができます。BSC（バランスド・スコアカード）戦略マップで言うところの「対顧客戦略か社内業務改善か」がハッキリします。

余談ですが、BSCが登場した2000年頃、顧客を直接ITで支援する仕組みといえば、一部のEコマースくらいしか存在しませんでした。それが10年足らずでかなりの進化を遂げ、社会のデジタル化とともに、SoEがもたらす効果はもはや無視できなくなりました。とは言え、ITによる業務効率化やガバナンス、コンプライアンス支援と言った社内向けのSoRの投資も、相変わらず必要不可欠です。重要なのは、この攻めと守りのバランスです。

ところで、SoEとSoRの分類には、上記の投資目的の明確化や、当面の適用技術と技術者の選定に役立つ一方で、マイナス効果も懸念されます。それは、この分類がIT市場での売れ筋を睨むベンダ視点に立っており、エンタープライズシステムの行く末を睨むユーザ企業の視点がほとんど絡まないことに起因します。そもそも、企業システムを2色で分類するのはかなり乱暴です。両者の過度なステレオタイプ化により、適用技術や適用技術者(プレイヤー)までも二分するのは何としても避けたいところです。両者の極度な分離は、企業システムの進化を歪めたり、いわゆるサイロ化現象を招いたりする危険を孕んでいます。

ホストコンピュータ全盛期の1990年代にWindows PCが企業に導入された際も、基幹系システムとエンドユーザ・コンピューティングのデータ連携が損なわれた時期があり、情報システム部門は遅ればせながらキャッチアップしたことを思い出します。「全てのエンタープライズデータは、何らかの関係を持ちながら企業活動を形成しており、ベンダサービスの種類によってデータの連携が分断されてはならない」――これは紛れもないセオリーです。

ユーザ視点で捉え直せば…

筆者は以前から、SoRに分類される基幹系システムでも、定石どおりのERPではなく、企業のオリジナリティーを支援する独自システムが存在してもよいし、また、SoEに分類されるシステムでも、基幹系システムの技術を取り入れることで課題が解決する場合があると思っています。ウォータフォールとOLTP、アジャイル開発とWebアプリ、それぞれは異なる時代に出現したのでプレイヤーの世代は異なりますが、エンタープライズの観点からは、両者はできるだけ混じった方がよいのです。でなければ、「エンタープライズ・アジャイル」なんぞは到底実現できません。

筆者は常々、「基幹系システムこそが、アーキテクチャを変える時期に来ているのではないか」と訴え続けています。基幹系とて、世の中の変化や企業戦略に応じて、柔軟に俊敏に変更できた方が良いはずです。変更が少ないのは、せいぜい会計システムまわりぐらいです。ブラックボックス化した巨大な密結合システムは、もはや身動きがとれなくなり、氷河期に滅亡したマンモスのような末路をたどるでしょう。であれば、ポストERPの基幹系アーキテクチャが出現してもよいのではないでしょうか。「触らぬ神に祟りなし」とばかりにラッピングし放置するのも現実的で悪くはありませんが、あくまで問題先送りの暫定対応にすぎません。

図3-4の縦軸は堅牢性・データ一貫性、横軸は柔軟性・変更容易性です。SoE、SoR

図3-4 SoE、SoRのめざす特性（ASIS⇒TOBE）

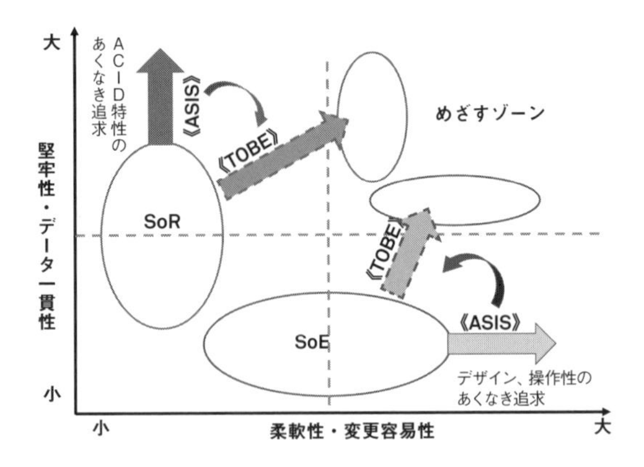

の大凡の領域とアプリケーション特性のベクトルが、AsIsからToBeにどう変化すべきかを表してみました。元来、エンタープライズシステムの観点から見れば、SoEは特別なものではなく、「システムのスコープが社内から社外へ拡大したに過ぎない」と捉える方が自然です。同様にIoTも、データの発生源が最先端に行き着いたと捉えればよいのです。

むしろ基幹系にこそ新しいITを！

企業システムとしては、これら全部が対象であり、これらの整合性をとりつつ、アジャイルにどうこなせるか？ が課題なのです。EAにおけるDA層は、SoEで新たに捕捉したデータをSoRに加え、そこで初めて価値が出ます。また、TA層だけを取り換える「マイグレーション」や、ブラックボックス化したロジックの「ラッピング」は、対処療法であり、最終的には高額なコストに跳ね返ります。つまり、SoRの領域に手を付けないイノベーションは不完全燃焼を起こすのです。今こそ基幹系も巻き込んで、イノベーションを起こす時なのです。

過去を辿れば、エンタープライズシステムは、部門最適⇒全社最適⇒企業グループ最適へとスコープを拡大させました。これに伴い、全体最適の観点から、いわゆるSoR部分をタイムリーに変更し、ビジネスに追従してきたのです。ここへきて基幹系システムを見離すわけにはいきません。エンタープライズに死角があってはなりません。何やらSoRを憂うような話になってしまいましたが、SoEの新しい情報化技術が救世主となって、疲弊した企業情報システムを再び活気付けることをひたすら願っています。

3.5 Theory of IT-Architecture

様々なアンチパターン

本章の最後に、今日の大企業情報システム部門における代表的な「取り組み方のアンチパターン」を例示しておきます。筆者がこのようなことを書くに至ったのは、仕事柄多くの大企業システムに触れるようになり、既存システムの汚れ具合には、思いのほか企業による開きがあることが分かってきたからです。ここでは、システム統治があまりうまくいっておらず、問題山積の会社を対象にします。そのような会社の情報システムがビジネスの足を引っ張らないよう、「やってはいけないこと」に早く気づいていただくためです。

4つの落とし穴

図3-5はEAの成熟度モデルです。自社を客観評価するのは、あまり気が進まないで

図3-5 EA（Enterprise Architecture）成熟モデル

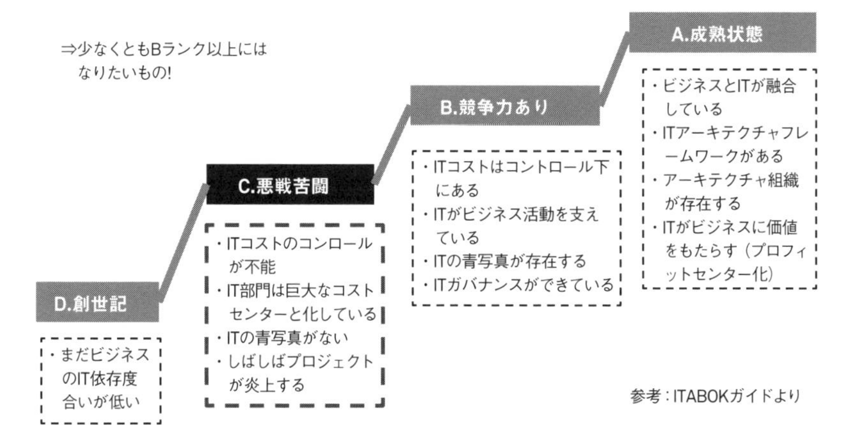

しょうが、内向きになりがちな社内の間接部門には、外の世界と比較してみることも時には必要です。

図中のBランクに達しないCランクの企業は、下記のアンチパターンに気を付けなければなりません。ちなみにA・Bランクの企業は、既にアーキテクチャ・マネジメントサイクルの軌道に乗っていると考えられるので、心配しなくてもアンチパターンには陥らないでしょう。また、最下位のDランクの会社は、これからのシステム化の参考にしてください。以下に「××××してはならない」という標語とともに、代表的アンチパターンとその理由を列挙します。

1. 「ブラックボックスを“ラッピング”して放置してはならない」

中身が不明のものをラッピング技術で隠ぺいすることは、問題を先送りするだけで事態を悪化させます。システム再構築をする際に、必ずといってよいほど炎上の種になります。業務の中身を見える化したものが必須です。

2. 「システム開発の全工程を“アウトソース”（丸投げ）してはならない」

部分最適が優先し、全体最適の視点が欠落するので、不格好なシステムになります。細部はともかく、「どのようなシステムにしたいか?」を他人に考えてもらうこと自体、本末転倒です。作るものがよくわからないベンダは、リスク料を載せて請負契約することになり、費用が嵩みます。

3. 「企業システムを“横展開（コピペ）”してはならない」

ソフトウェアはコピペした瞬間から亜種が生成され、メインテナンスの大きなツケを

図3-6 企業システムのアンチパターン

背負います。グループ会社に安易にコピー&ペーストしたりせず、いかに1つのソフトを複数個所でシェアするかを考えなければなりません。

4.「ユーザヒアリングのまんま"UI主導開発"をしてはならない」

手作業を単にコンピュータに置き換えるだけではイノベーションは生まれません。せっかくの投資も、冴えないシステムの山を築くだけで終わります。「顧客に望むものを聞いていたら『もっと速い馬が欲しい』と答えたであろう」(ヘンリー・フォード)の諺が示唆しているように、要求は開発すべきものです。

アーキテクチャ主導へ転換せよ!

上記はいずれも、ユーザ企業がアーキテクチャ(システムの構造)を軽視した結果もたらされます。ところが一見、あたかもITの恩恵に浴しているかのように思えるところが曲者(くせもの)です。ラッピング、コピー&ペースト、アウトソーシング、UI主導開発等、いずれもEAにおけるTA層に位置しており、「ITがもたらすパワーの源」となりえます。問題はこれらを上手く活用するために、上位に位置するAA・DA・BAとのバランスがとれた全体構造になっているかどうかなのです。

第1章の「なぜ今アーキテクチャ設計か?」で述べたように、企業システムは家電製品のようなコモディティではありません。よって、未だその構造にこだわらなければなりません。本章では読者の皆さんに考えてもらうために、あえて解決策を述べません。上記4つのアンチパターンのうち1つでも心当たりのある方は、どうしたらそれを回避できるか考えてみてください。ユーザ企業自らが考えるところから、「アーキテクチャ主導の企業情報システム」が第一歩を踏み出すことになるのです。

第4章

EA：エンタープライズ・アーキテクチャ

企業システムのアーキテクチャ（全体構造）はとても複雑で、簡単に言い表すことは不可能です。この得体の知れないモンスターを、ビジネス、データ、アプリケーション、テクノロジーの4層に分離し、それぞれがどのようなパーツで組み立てられているかを表すことで、エンタープライズ・アーキテクチャを最も適確に表現することができます。

4.1
Theory of IT-Architecture

企業の“かたち”を捉える

最初に「企業」という、正体の目に見えない物の「かたち」について考えてみましょう。企業の姿かたちをどのように表現するかについては長年、多くの学者や団体が研究を重ねてきました。結果、今日のZACHMAN（John Zachman、EAの生みの親）やTOGAF（The Open Group Architecture Framework）などのフレームワークが生まれました。本書ではこれらフレームワークの説明は割愛し、筆者なりの「企業のかたち」と、それを押さえることの目的や効果を考えてみることにします。

類似要素がかたち作るレイヤ

目に見えない企業体を無理やり物体に喩えて、その姿を絵に描いたら、どうなるでしょうか？ アメーバのようなグニャグニャした姿や、ゴツゴツと尖った多面体を想像する人など様々でしょう。しかしどのような形にせよ、そこにはいくつもの共通点があるはずです。

まずは、同じ業種（製造業、商社、小売など）、同じ業界（電気、自動車など取扱商品の分類）、同じ業態（デパート、専門店、スーパーなど商品の売り方）、同じ企業規模などといったように、分類軸に応じた類似性を見出せるはずです。このことに誰も異論はないでしょう。裏を返せば、このような類似性は、企業という物体を表現する際に、**再利用可能なアーキテクチャ部品（コンポーネント）**になり得ると言えます。

図4-1を見てください。図の最下部から順に説明します。

「①ITインフラ」は、ネットワークやハードウェアなどの文字通りインフラ基盤です。企業システムはもとより、コンシューマ領域なども含む社会全般のIT基盤を指します。「②企業システム共通」は、どんな企業にも必須の会計・人事・オフィスシステムなどのバックオフィス系アプリケーションを指します。「③業種共通」は業種に応じて保有する

図4-1 EA（Enterprise Architecture）のかたち

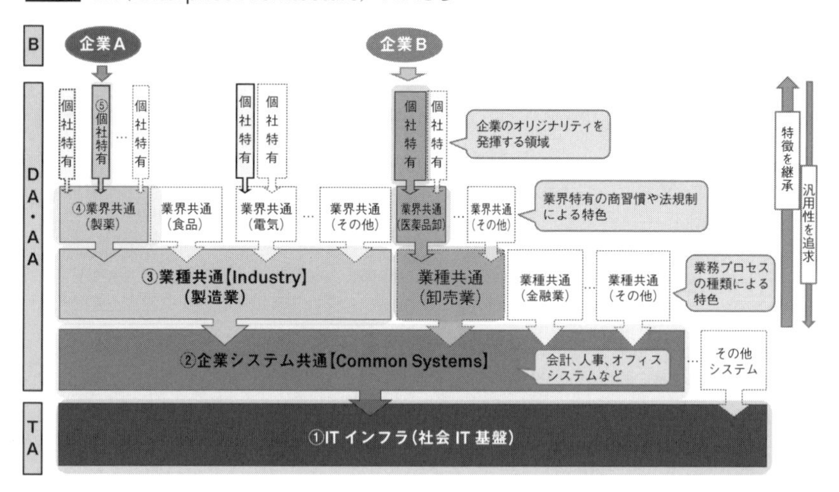

プロセスの種類、例えば製造業の生産管理や運輸業の配車業務などで、いくつかに分類されます。「④業界共通」は、取り扱う商品やサービスに応じた業界特有の商習慣や法規制などの分類です。そして最後の「⑤個社特有」は業界・業種の標準にはないその企業特有の要求条件を指しています。

ITインフラ→企業システム共通→業種共通→業界共通へと昇って行くにつれて、企業活動や取り扱い情報の類似点は、徐々に絞られます。また、上位層は必ず下位層のシステムの特徴を継承しています。そして、企業システムの設計に際しては、上記の流れを逆に辿り、より下位層に向けて汎化することで、システムの再利用性の範囲拡大を追求することになります。これにより、想定される新規事業分野への進出などにも柔軟に対応できるようになります。

このように企業の形は、世界中で同じモノは二つと存在しませんが、分類の仕方によって数多くの類似性を見出すことができます。もっといえば、再利用可能なアーキテクチャ部品の集合体として表すことができるのです。

全体の青写真を描けているか？

さて皆さんの会社では、スクラッチ開発、ERP導入、パッケージ適用、いずれの開発形態を採用したとしても、自社のビジネスをこの図のようにきちんと分析した上で、システム構築に入っていったでしょうか。「SWOT[1]分析などの手法を用いて、自社の強みや業界における位置付けを分析し、ドキュメント化した上で、実装ソリューションに至った」という企業はまずもって合格です。そうではなく「ベンダの薦めるERPやパッケージブランドを何となく選択し、構築段階で自社との違いをひたすらカスタマイズした」という企業も少なくないのではありませんか? あるいは、レガシーシステムがパッケージの存在しない時代に開発されたので、端からスクラッチ開発しか眼中にない。しかも、自社ビジネスの特徴や類似性の十分な分析なしに、ひたすら腕力でモンスター級の再構築に挑んだ…などという経験はないでしょうか?

これらはいずれも、エンタープライズ・アーキテクチャ(EA:企業の構造)をないがしろにした、とても残念な例です。それでも、ERPやパッケージ適用の場合は、近年、SIベンダも経験を多く積んだ結果、FIT & GAP(業務適合性分析)に入る以前に、業界・業種・業態・企業規模に関する事前調査を行うのが一般的となってきたので、大きな怪我は減っているようです(フロンティア領域パッケージ[2]では、まだ炎上することがあります)。

未だに納期遅延や炎上のケースをよく耳にするのは、スクラッチ開発の方です。世の中に例のないオリジナルのシステムを開発するSoE[3]領域ならばまだしも、世の中に五万とあるSoR[4]領域を全てスクラッチ開発することは、時間もお金も無駄です。

今はまだ、企業システムは、お金を出せば簡単に手に入るコモディティではありません。とは言え、個々のハードウェアやミドルウェアなどのように、コモディティ化された構成部品も少なくありません。ビジネス、データ、アプリケーション、テクノロジーの4層に分けて、それぞれの視点で、企業システムをコンポーネントの組み合せで可視化すべきです。それが即ちEA(Enterprise Architecture)の取り組みであり、企業システムを構築する際のセオリーです。

そして、この取り組みの結果整理された再利用可能なアーキテクチャ部品は、最新のテクノロジーを介して、次世代のシステムに実装されるのです。

---

*1 SWOT分析: 企業を内部環境(強み・弱み)と、外部環境(機会・脅威)の4象限に分けて評価、分析する手法。

*2 フロンティア領域パッケージ: 例えば一般企業以外の病院情報システムなどが挙げられます。

*3 SoE: System of Engagementの略。顧客との関係強化を目的に最新のインターネット技術を駆使したシステム群。

*4 SoR: System of Recordの略。従来型のトランザクション処理を中心にしたミッションクリティカルな基幹システム群。

4.2

Theory of IT-Architecture

自社アーキテクチャの AsIs と ToBe

ITアーキテクチャは業種・業態、さらには企業固有の特性によって異なり、世界に二つと同じものはありません。さらに言えば、建築様式がそうであるように、時代や社会的背景によってITアーキテクチャは変化します。ですのでアーキテクトは、社会の風潮に敏感でなければなりません。

図4-2はEAの各層を三角形で表しています。現在と「あるべき姿」を配置したよく見かける絵に、筆者がアレンジを加えました。上方向に向けて普遍性、下方向けて具体性が、それぞれ強まるという点を付け加えました。

図4-2 エンタープライズ・アーキテクチャ（EA）

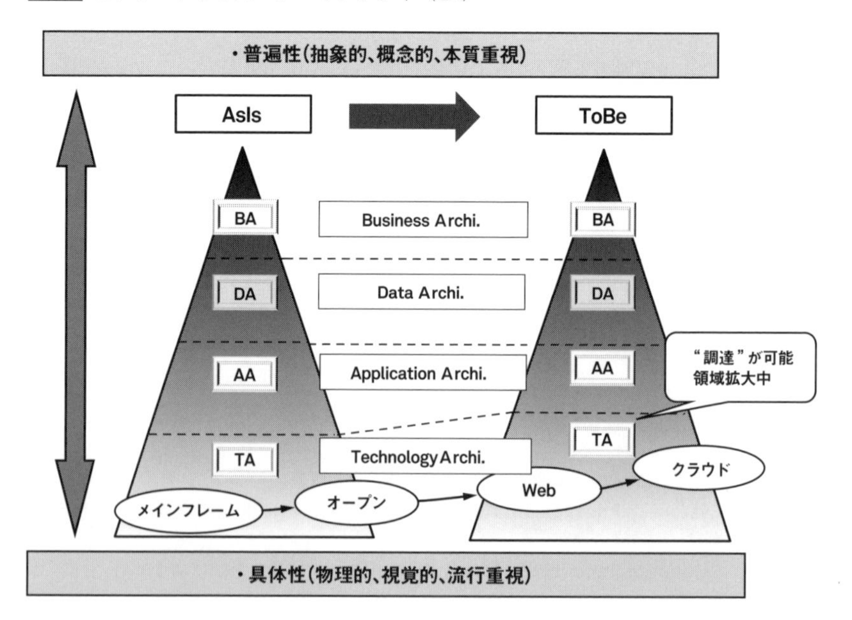

ここで着目したいのは、抽象的なビジネス(BA)とデータ(DA)の下位に、より物理的な特性を持つアプリケーション(AA)層と技術(TA)層があることです。そして特筆すべきは、最下層に位置するTA(Technology Architecture)の進化がたいへんに目覚しく、これにAA(Application Architecture)も影響を受けて、数年ごとに変化するようになった点です。ITによるビジネス革命は、まさしくこの部分の恩恵と言えます。

これから先もTAとAAは、ビジネス環境の変化と新たなITシーズの出現に応えるべく、変幻自在に姿かたちを変えていくでしょう。近年の変化で言えば、グローバル化、多様化を社会的背景にして、クラウド上の多様なサービスを適材適所に取り入れ、柔軟に組み合わせる疎結合アーキテクチャが最先端と言えます。かつての、内部統制やガバナンス強化を社会的背景にしたERP中心の密結合アーキテクチャは、もはや一昔前の感を拭えません。

揺らぎやすいモノと安定したモノの配置

では、このような時々刻々の環境変化に引きずられて、企業のITアーキテクチャも全面取り替え(ビッグバン)しなければならないのでしょうか? 答えは否です。今までのIT投資を極力無駄にせずに、次世代のTAやAAに移行する方法を考えなければ、新たなITの恩恵を受けるどころか、現状維持に多大なコストと時間を費やした

図4-3 データアーキテクチャ(DA)を中核とする理由

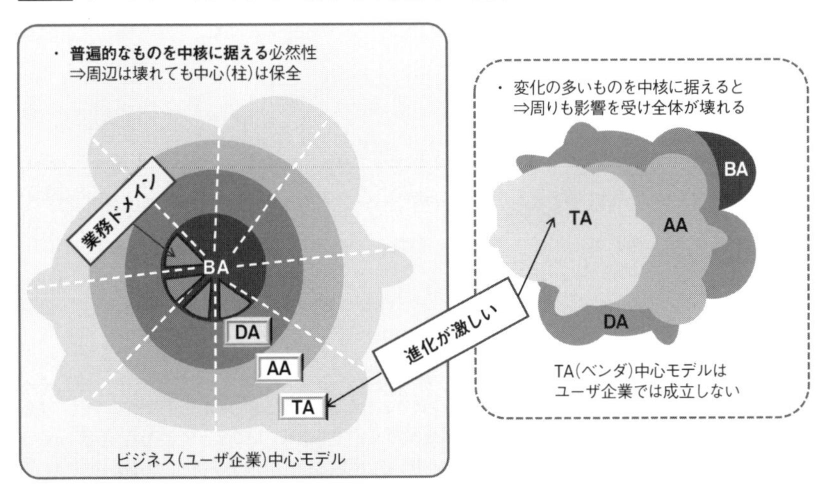

挙句、事業競争力まで失いかねません。まして再構築プロジェクトの炎上など、何をか云わんやです。

さて図4-3は、視点を変えて、企業アーキテクチャのピラミッドを天上から見下ろした様子です。中心部に普遍性の高いBA（Business Architecture）、DA（Data Architecture）を順に据え、外側に行くにしたがって物理的色彩の強いAA、TAが配置されている概念構造が見えます。ITアーキテクトは、この天空からの目線を持たなければなりません。

DAの普遍性については、再構築プロジェクトで論理データモデルのToBeを描いた経験のある方でしたら、充分にお分かりでしょう。ビジネスモデルそのものが変わらない限り、論理モデルの基本構造はほとんど変りません。それが普遍性の証明です（より汎用性を考慮した変更は別儀です）。データモデリング経験のない方でも、携帯やスマホを買い替える際に電話帳だけは移行することを考えてみれば、プロセスとデータのどちらのライフサイクルが長いかは明白だと思います。

ユーザ企業のエンタープライズ・アーキテクチャを構想するときは、ビジネスを中心にして、普遍性の高い“データ”を軸とし、外側に移ろいやすいAA、TAを配置します。そうすれば、物理的ITのイノベーションに耐えられる構造を描けます。

参考までに、図の右隣にはTAを中心にした構造を描いてみました。これではシステムの全面取り替えが必至です。ちなみに、この構造で最も恩恵を受けるのはITベンダです。ユーザ企業とＩＴベンダのビジネスモデルは真逆だからです。

このように普遍的要素を保つことと流行を追うことは、ITアーキテクトにとってどちらも大事であり、バランスがポイントとなります。筆者はこのことを「不易流行[5]」という言葉で肝に銘じ、情報システム設計に携わる者としての座右の銘にしてきました。お陰様で前職の企業情報システムでは、1982年に分析設計したデータモデルが（M&Aで切り離されたビジネスを除き）今なお生き続けています。外側のAAとTAは、この30数年間にホスト集中型から分散型クライアント／サーバへ、さらに集中型Webへと変遷するなか、基幹系システムのDAは全くもって健在です。さらに近年、外側のAA·TAは最新のアーキテクチャに入れ替わり、クラウド環境への移行も順調に加速していると聞きました。

*5　不易流行：いつまでも変化しない本質的なものを忘れない中にも、新しく変化を重ねているものをも取り入れていくこと。また、新味を求めて変化を重ねていく流行性こそが、不易の本質であること。松尾芭蕉が「奥の細道」の旅の中で見出した蕉風俳諧の理念の一つ。

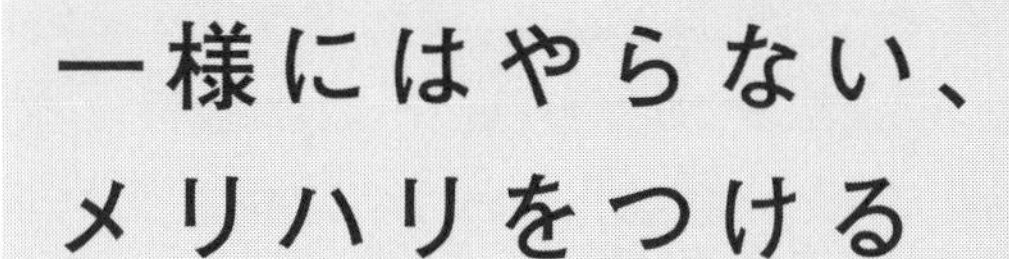

EAの設計における大切なセオリーは、対象領域にメリハリ（物事の強弱）をつけることです。なぜならEAの領域は、奥行きがBA・DA・AA・TAと深く、広がりは社内の全業務にわたるほど広範囲だからです。全てを同じ“濃さ”で実施しようとすると、膨大な時間を要するばかりで、投資効果を早期に得ることができません。

コアとノンコアの識別

EAの国内失敗事例の原因はいくつかありますが、ビジネスを網羅的かつ精緻に描画することが目的になって、完成までに時間がかかり過ぎたことがその1つです。これを

図4-4 コア／ノンコアの識別

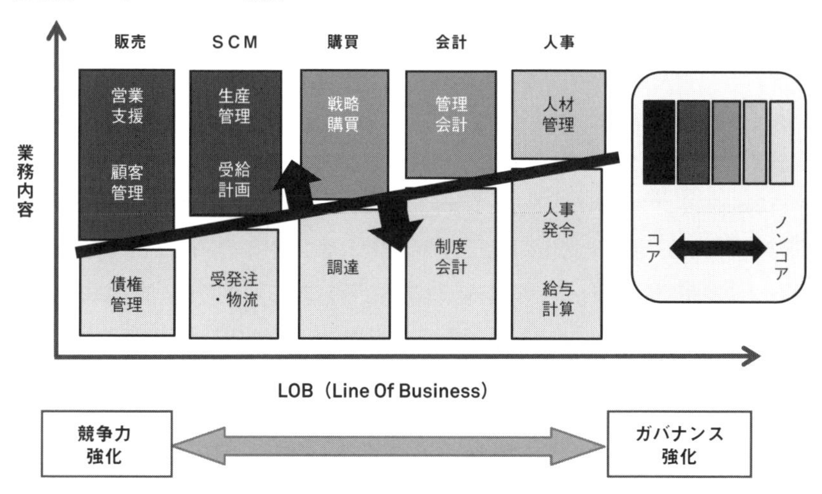

回避するには、対象領域にメリハリをつけることです。その拠り所は、ビジネス目線での「コアとノンコアの識別」です。ここでのコアの定義は、「重要度＝高」かつ「オリジナリティ＝高」のエリアであり、それ以外はノンコアとなります。

図4-4は、架空のメーカ企業におけるLOB[6](Line of Business)ごとの、コア／ノンコア識別の一例です。LOBの中に記載された名称、例えば会計LOBの中の「管理会計」や「制度会計」が個々の業務アプリを示しています。この会社のビジネスの特徴は、次のようなものです。

「当社の製品は製造工程に特色があり、ユニークな生産管理を必要としますが、受発注・物流の形態は一般的です。同じく製品特性から、営業支援と顧客管理には特色がありますが、債権管理は一般的です。人事・会計・購買といった間接部門の仕事も、給与計算・制度会計・調達実務は極めて一般的ですが、人材管理・管理会計・戦略購買には会社独特のものがあります」といった具合です。

これだけで、ある程度業務アプリのメリハリのある仕分けができたことになります。

実装手段のポートフォリオ

次に、各々の業務アプリを、図4-5「アプリ別実現ソリューション」の４象限(変更が多い／少ない、ガバナンス／競争力の２軸で構成)にマッピングしてみます。この分類作業によって、メリハリはさらに実装手段にまで及ぶことになります。この例では、４象限の左下は「一体成型パッケージ」、左上は「カスタムパッケージ」、右上は「手組み(スクラッチ開発)」、右下は「汎用ツール」といった４種類の実装ソリューションに結び付けています。

あくまでもこれは一例です。大事なことは、このような実現ソリューションを予め社内で決めておくことです。自社の特性に合わせて、こだわる箇所とそうでない箇所をはっきりと峻別し、ITでの実現ソリューションにメリハリを持たせます。そうすることで、全領域にわたる長期間で発掘作業的なEA設計を免れることができます。また、４象限マッピングには、実現ソリューションに統一性をもたらすことも期待できます。「要領よくやること」と「手を抜くこと」は紙一重ですが、ロジカルかどうかの観点では明らかに違います。

---

*6　LOB：Line of Businessの略。企業が業務処理に必要とする主要な機能のこと。

図4-5 アプリ別実現ソリューション

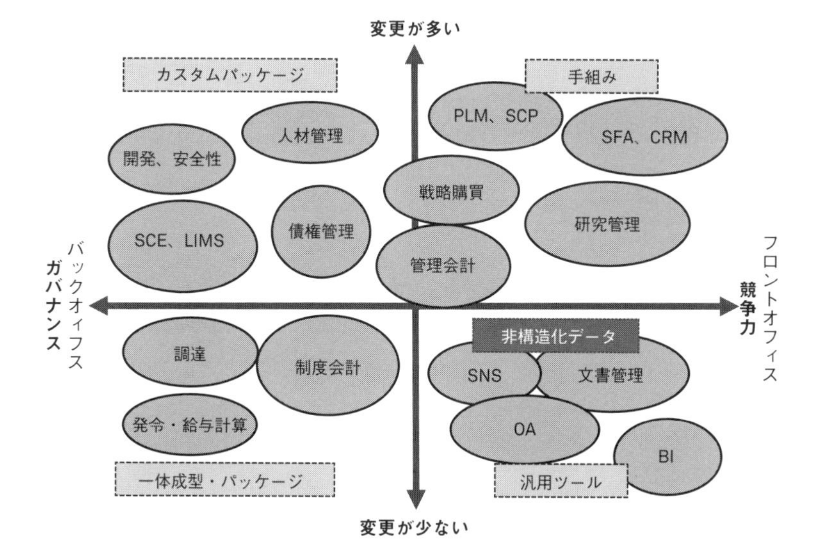

4.4

Theory of IT-Architecture

情報システム部門の役割とEA

企業システムが大規模で複雑化した現在、EAをあるべき姿に導くことは、情報システム部門(IT子会社を含む)の力だけでは到底困難です。情報システム部門には、エンドユーザ部門やITベンダといったパートナーのちからを適切に活用することが求められます。

近年、自らの役割が不明確な情報システム部門は少なくありません。恐らくは、丸投げに近いベンダアウトソースの横行や、エンドユーザ部門におけるシャドーIT[7]の出現、ITガバナンスの欠如等が原因でしょう。ここらでもういちど、各々の具体的な役割をきちんと定義しておきたいものです。そこで企業情報システムの開発・運用・保守のライフサイクル全般にわたって社内情報システム部門の果たす役割を、ベンダ及びユーザ部門の役割と対比して図4-6に整理してみました。

3者の役割分担

図では、企業情報システムに関する仕事を、アプリ開発、アプリ保守、インフラ管理、運用管理の4領域に分類しました。それぞれについて情報システム部門、エンドユーザ、ITベンダの、あるべき役割分担を表しています。なお、図の右端には、概ね対応するEAの各層(BA、DA、AA、TA)を位置づけました。

システムの開発から運用に至る全ての領域で、情報システム部門はエンドユーザとITベンダの間に挟まれています。ともすると情報システム部門は、ITサービスの手配師になりがちだということです。ただの手配師なら、ITの専門性などは不要なので、“情報システム部門”でなくてもよいわけです。しかし企業システムは、お金を出しさえすれば

*7　シャドーIT：企業側が把握していない状況で、従業員が勝手にIT活用を行うこと。

図4-6 情シス部門のパートナーとの役割分担

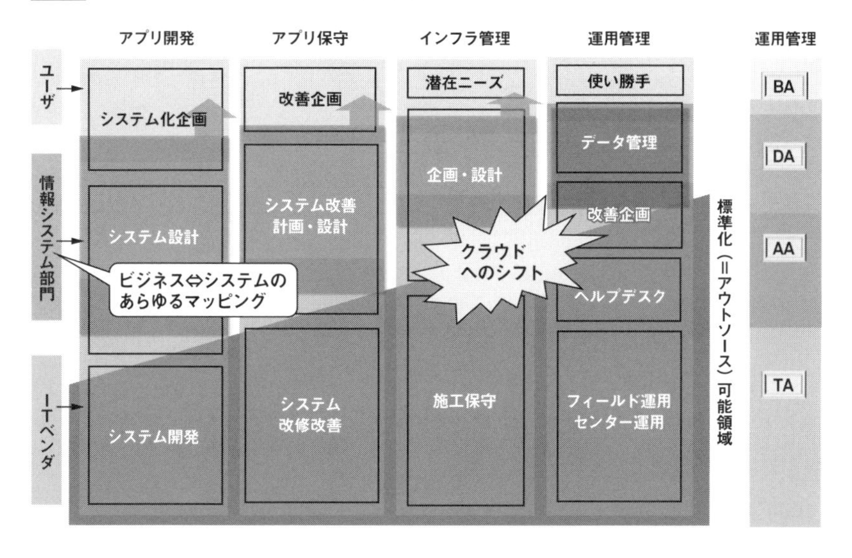

手に入るコモディティではありません。

情報システム部門には、システムのライフサイクル全般にわたって、ビジネスとシステムの（自動化できない）マッピングを行うという重要な役割があります。このマッピングは、とても創造的な仕事です。ビジネスの要求を受け止め、これにITシーズをぶつけて、価値ある企業システムをデザインするという仕事です。まさにEAで定義するところの、ITアーキテクトの役割そのものと言えます。

このように情報システム部門の仕事内容は、システムの企画・設計を主体とし、業務設計の面ではエンドユーザ部門と、実装技術の面ではITベンダとのコラボレーションが必要となります。業務上の責任分担をはっきりする必要はありますが、エンドユーザやITベンダとは、お互いの仕事を理解するために、ある程度の役割のオーバーラップが必要です。

補足ですが、図の下部で、右肩上がりに塗りつぶされた個所は、右端にゆくにつれて標準化可能領域が広がることを示しています。「標準化可能」とはベンダアウトソース可能とイコールです。特にインフラの設計領域は、クラウドサービスの台頭によりベンダの領域が拡大傾向にあります。

M&Aにおける EA活用の実例

今日、企業のM&A（合併・買収）は日常茶飯事になりました。いつ何どき、読者の会社がこの事態に直面しないとも限りません。本節ではM&AにおけるEAの活用について、筆者の実体験を紹介します。具体的には、EAに基づくデータモデルやプロセスモデルをどのように活用して、システム統合のシナリオを描いたか、です。また、本書ではあまり取り上げることの少ない「CIOの振舞い方」にも、少しだけ触れてみます。

筆者は30年間のユーザ企業システム部門生活の中で、幸か不幸か大小6度のM&A対応を経験しています。会社統合パターン別に分類すると、自社への吸収合併が2件、相手先への吸収合併が2件、50/50%出資の新社設立が2件で、その規模は大小半々といったところです。

通常は、経営統合のパターンと規模の組み合わせによって、システム統合の枠組みはほぼ決まってくるものです。しかし、新社のITアーキテクチャは、まさにEAにおけるモデリングアプローチにより決定されます。本書ではPM（プロジェクトマネージャ）的観点には敢えて触れず、システムアーキテクチャ設計に絞って説明します。

統合後のAAから描く

第1フェーズでは新社のAAを描きます。AAの図表現は第6章で説明するアプリ鳥瞰図でOKです。まずは、両社（3社以上でも可）のAA図を描くところから始めます。既存のAA図がなければ、「M&Aシステム統合プロジェクト」を立ち上げて素早く作成します。このAA図で肝心なのは、細部にこだわらないことです。次に両者のシステム併合案（図4-7を参照）を描きますが、この図がM&Aシステム統合の最重要成果物であり、この1枚が、システムのみならずM&Aのスムーズな船出を決定づけます。

図4-7 M&A移行ステップの例

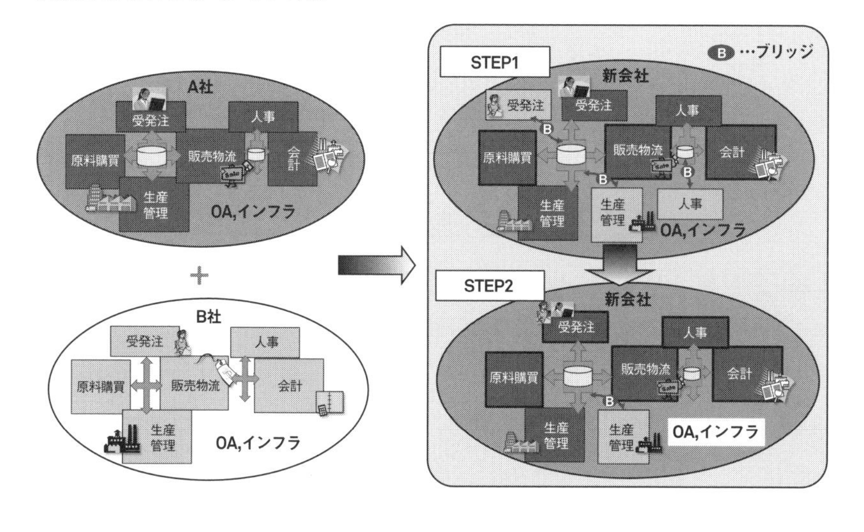

システム統合3つのセオリー

CIOにとってこの場面は、数少ない、会社を代表しての大一番です。そして私の経験から、システム統合のセオリーは以下の3点だと言い切ることができます。

① 会計システムをはじめとするバックオフィスシステム(OAアプリも含む)は、経営統合スキームの存続会社側に片寄せすること。

② 工場や現場系のオペレーション主体のシステムは、現場の事業継続性を最優先して決定すること(相手由来のバックオフィスとの連携にはブリッジを作成すること)。

③ 新社スタート後のあるべき姿を描き、そこへ向けてSTEP別移行計画を立てておくこと。

①から③のどれも、ビジネススキームがシステムアーキテクチャを牽引することに変わりはありません(図4-7参照)。

読者の皆さんは、「そんなの当たり前じゃないの?」と思うかもしれませんが、現実は綺麗には運びません。ビジネス側から実に様々なプレッシャーや雑音が降りかかってきます。CIOの次なる出番はここで、業務分科会の外圧に屈することなく、上記のセオリーを貫けるか否かが勝負どころです。無理難題を突き付けられたら、「Xデーに業務が回らなくてもいいのですか?」とクールに言い放つことです。そして、自分が受け入れ側・送り出し側どちらの立場でも、「新社のビジネスにとって何が最適か」だけを考えることです。誤った自社びいきに惑わされてはなりません。どうでもいいようなOAアプリケーションが、案外もめるネタになったりしますが、「新たなクラウド化で両成敗」もありです。

両社のマスタ系論理モデルがベース

話を戻して、第2フェーズでは新社のDAを設計します。まずは両社の論理データモデル(主にマスタ系)を描くところから始めます。こちらも既存の概念ER図がなければ、プロジェクトで素早く簡潔に作成します。そして両社のデータモデルのFIT & GAP(業務適合性分析)を行うと同時に、コード変換やエンティティの汎化/特化といった(存続会社に向かった)モデル変換ロジックを設計します。このロジックは、片寄せ箇所では、データ移行時のセットアップデータ変換として用いられます。ブリッジング箇所には、常設のデータコンバータとして用いられ、それぞれの実装に繋がる設計ドキュメントとなります。

第1、第2フェーズの設計が終了したらひたすら、来るべき「Xデー」に向けての実装とテストを残すのみです。インフラ環境についても(調達リードタイムが長いものは先行する必要がありますが)、この段階でAAに基づく最適なものを用意することになります。そしてこれから先CIOは、ビジネス側への安心・安全の報告と、プロジェクトメンバーへの応援と労いに邁進すればよいのです。

なお本書では、M&Aにおける「システム統合」に限って言及しましたが、システム以外の面では、それこそ綺麗ごとでは済まないことだらけだと付け加えておきます。M&Aは歴史と文化の異なる組織同士の合体であり、生身の従業員を巻き込みます。経営者が頭でっかちに考えるよりも、遥かに現場(工場、営業など)でのストレスは深刻です。企業システムは"経営と現場"の両者が満足する設計でなければいけません。統合時の情報システム分科会では、可能な限り細やかな配慮が求められます。

第5章

DA：データアーキテクチャ

EA（Enterprise Architecture）の中で、BA（Business Architecture）に次いで普遍性の高いのはDA（Data Architecture）です。データはシステムを構成する部品の中で最もライフサイクルの長いものです。「DAを制する者はEAを制す」と言っても過言ではないでしょう。

5.1 Theory of IT-Architecture

ビッグデータ時代のリポジトリ

リポジトリ（Repository）はこの先、システムを開発・保守する上で、間違いなく今まで以上に重要な役割を果たすことになります。

リポシトリとは、システム開発に必要なあらゆる仕様、デザインからソースコードに至るデータを一元管理する格納庫です。プログラム開発工程を工場に喩えると、さしずめ原料の貯蔵庫でしょうか。中でも、データについての仕様（＝メタデータ）を格納した「データディクショナリ」は、中核をなす重要なパーツです。データの持つ「意味」や、システム上での表現および格納の「形式」を可視化したものと言えます。

図5-1 REPOSITORYとは

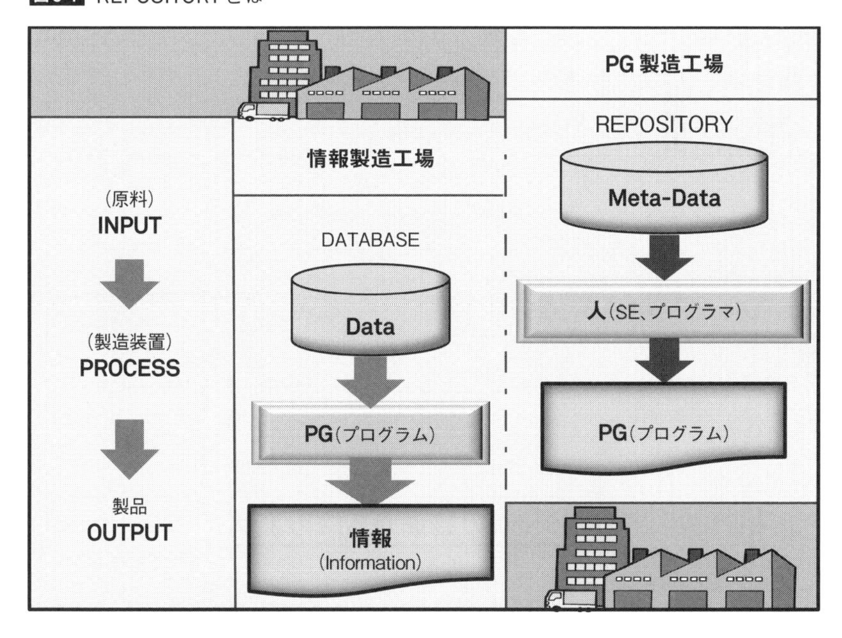

データの意味を司る辞書

図5-1を見てください。情報製造工場の内部には、製造装置であるプログラムと、原料のデータがあります。プログラム製造工場の方には、製造装置である人と、原料のメタデータがあり、図のような関係で連携しています。

本節の冒頭で「最も重要な役割を果たす」と書いた理由が、この図に見えます。つまり、現時点では多くの企業が、プログラム製造の原料貯蔵庫であるリポジトリや、可視化された原料であるメタデータを持つことなしに、日常のシステム開発や運用保守業務を行っているからです。目に見えるハードウェアでも部品表と設計図が必須なのに、目に見えないソフトウェアの世界でそれがないとしたら…。品質面は非常に心もとないと考えてよいでしょう。実践の場面では、ソフトウェアは未だ科学的な領域に至っていないのです。

確かに、ソフトウェアにおける意味の説明は、言葉の持つ「曖昧さ」を含んでいますし、抽象化の度合いとともにそれが拡大することは否めません。しかし、だからと言って可視化をしないまま、属人的な判断のもとに原料を使用し続けていたのでは、品質の向上はまずもって見込めません。ましてやオフショア開発が一般化した現在、これに拍車がかかることは容易に想像できます。さらに近年、ビッグデータやAIといった従来にない情報資源領域を対象とした新たなデータ活用が起こっていますが、この分野では、従来の構造化データにも増して、データの意味付けが重要となります。

言葉による説明で足りない箇所は、モデル図による表現や多面的視点からの分類表などで補えば、正確さを高めることができます。オフショア向けには、説明を翻訳することもできるでしょう。ビッグデータ時代にあっては、意味が不鮮明な大量のデータの中から、いかに意味あるデータを見出すかがキーになります。つまり、現状ではまだまだ成熟の域にないソフトウェア開発の領域において、メタデータの可視化に関する努力や工夫こそが可能性を広げます。そこを怠っていては、企業システムの開発はますます科学から遠のき、3K的にならざるをえません。ビッグデータを活用した意思決定など、甚だ怪しいものとなってしまいます。

リポジトリの整備から始めよう

システム運用・保守の属人性や、ブラックボックス化して再構築不可能に陥ったシステムなどの問題は、システムの巨大化とともにますます深刻さを増しています。こうした難問の底には、メタデータが整備されず、システム製造の原料であるデータの意味が不鮮明なまま置かれているという原因が横たわっています。ここらで暗黙知を形式知に変える潮時ではないでしょうか。アジャイル開発やビッグデータが取り沙汰される昨今、敢えて足元を見つめ直し、リポジトリの整備に取り組んでみましょう。企業システムの品質を、精神論ではなく科学的な手法で維持・改善しようという想いを、是非ともリポジトリに託してみましょう。

ところで皆さんの中には、図の右側のPG製造装置は「人ではなく自動化できるのではないか」と考える方が多いかもしれません。確かにその道の取り組みも、一部の制約条件下では実現されていますし、先端的研究も盛んですから、いずれプログラムの自動製造が普通になる日が来るかもしれません。しかし、まずは原料素材の可視化と整備が先です。

そしてこの作業の主役には、長年、自社システムを運用・保守してきた社内のベテランSEが最も適任です。新しいプログラミング言語も、最先端のIT知識も必要としません。長年向き合ってきた社内システムに対する豊富な知識が必要不可欠であり、この点において、優秀な外部ベンダSEも、ITコンシャスなエンドユーザも、彼らの右に出ることはできません。あとから簡単に説明できてしまうほど、企業システムは単純ではないからです。

ER図を「物語」で説明する

「EAを構築する際は、ER図、クラス図、システム関連図など、各種の標準化されたモデル図を用いて、属人性を排除した設計図を描くように」と、教科書にはあります。確かに、淘汰された記述法に基づいたモデル図は、第三者が理解する際のブレ幅が少ないでしょう。しかし、どんなに精緻で正しいモデル図を描いたとしても、それだけで設計者の意図が十分に伝わるでしょうか? 答えはノーです。「言葉による説明」が加わってはじめて、モデルが何を言わんとしているかが腑に落ちるのです。

さて一口に「言葉による説明」と言っても、様々な記述スタイルが考えられます。モデル図の上に吹き出しを記した補足説明もあれば、図の脚注に記した箇条書きの注釈、さらには別紙にモデル全体を説明したものまであります。本節ではこの中の「モデル全体の説明」に言及します。

ナラティブの勧め

まず文章の形態には、あえて口語調の「ナラティブ[1]形式」を推奨します。無機質なモデル図の対極にあるナラティブは、ストーリー性があるので、読み手のイメージ空間に焼き付きやすいからです。モデル図は目的のみにフォーカスし、それ以外の付属物を削ぎ落としてありますから、文章で補足すべき内容は、図に描かれていない事柄(ことがら)とするのが効果的です。例えばデータモデル(ER図)であれば、処理プロセスについては表現されていません。

*1　ナラティブ：語り口。物事を説明する際に、箇条書きではなく、ストーリー性を持った語り口で記述すること。「ナレーション(narration)」や「ナレーター(narrator)」といった語を想起されたい。筆者が1982年に最初に出会った米国のリポジトリ製品では、メタデータの説明をNarrativeと呼んでいた。

図5-2 受発注システムＥＲモデル（サンプル）

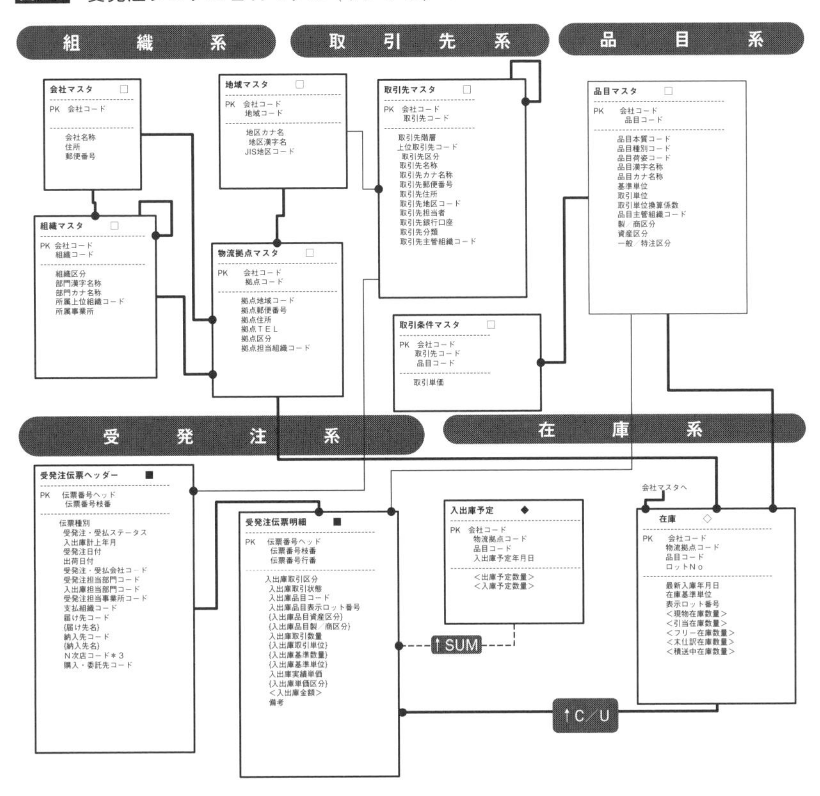

図5-2は、架空の受発注システムのER図です。サンプルなので、実物よりかなり簡素化されています。当データモデルのナラティブを記述してみると、おおよそ次のようになります。

「図の上半分を占めるマスタ群は、大きく組織系、取引先系、品目系の3つのカテゴリーに分類されます。全てのエンティティのキー項目には会社コードが含まれており、このモデルが複数会社に対応していることを表しています。組織系は部・課・係等の自社組織を汎化した組織マスタと、倉庫等の物流拠点マスタの2種類が中心となっています。取引先系には、自社製品が注文を受ける相手の得意先と、商品を発注する際の仕入先の両方が含まれており、それぞれ品目ごとの取引単価が取引条件マスタに登録されています。品目には、メーカーとして市場に販売する製商品と、その原材料等が登録されています。

次に、図の下半分を占めるトランザクション群について、受注業務のケースで説明します。取引先からの１回の受注処理で、納期・届け先・売上部門等が受発注伝票ヘッダに登録されるとともに、品目・単価・売上数量・売上金額が受発注伝票明細に複数行格納されます。同時に、得意先に向けた出荷拠点の当該品目の在庫を、受注数量分だけ引当てて確保します。また、同じタイミングで、出荷拠点別・品目別の出荷予定数量を入出庫予定に記録します。出荷日が到来すると、得意先に向けて製品が出荷され、同時に引当数量分を実際の現物在庫から引き落とします。発注業務のケースは出荷→入荷、売上→購入と正反対になりますが、基本は同様です。」

いかがでしょうか。基幹系の巨大な受発注システムも、基本となるデータハンドリングはこのようなものです（実際には何十倍も枝葉が付きますが）。エンタープライズレベルでのモデリングでは、手のひらに会社を乗せるようなつもりで取り組みましょう。細部は見えなくても構いません。

そして、ナラティブを加えると、そのモデルにリアリティが出てきます。しかもナラティブは、モデルの個々のパーツをまたがってストーリー展開するので、モデルの検証手段にもなります。ぜひ皆さんも、自分で描いたモデルを口頭で説明するだけでなく、文章に記述することをお勧めします。せっかく描いたモデルが後世に伝承されるためにも役立ちます。

Theory of IT-Architecture

ビジネスを表すデータモデル図

前節ではデータモデルにナラティブを添えることで、よりブレが少なく、第三者にモデルの内容が伝わる例を示しました。本節ではモデル図そのものについても、正しいノーテーション（表記法）を崩すことなく、少し工夫をすることで、よりビジネスが見えてくる描き方をご紹介します。

ここで取り上げるデータモデルは、単にシステム内の各種エンティティとエンティティ間の関連を表すものではありません。まして、物理データベースのテーブル生成を目的とするものではありません。ご紹介するデータモデル図は、エンティティの性質に応じた、一律の配置ルールに従って描かれます。主な目的は、ビジネスモデルの概要を可視化することにあります。

BAを継承するDAの工夫

EAにおいてBA→DAへと、下位の層へアーキテクチャを継承することは極めて重要です。BAをきちんと継承したデータモデルを基に構築された企業システムは、ビジネスにマッチします。

図5-3を見てください。SCM（サプライチェーン管理）システムのテンプレートとも言える図です。このSCMデータモデル図は、筆者が長年、様々な業種の概念データモデリングを実施してきた経験に基づいて描きました。ちなみにエンティティの配置ルールは、データ総研の椿正明元会長が提唱する「THモデル」にヒントを得ています。

まず、その配置ルールを説明しましょう。縦軸のエンティティ配置は、上から下に、マスタ→残高・集約→イベントの順になっています。キー項目の数は上に行くにつれ少なくなり、1レコードが示す範囲が広がります。マスタ群の中での配置は、中心にリソース系エンティティが位置し、上位に区分系テーブル、下位に取引先＋品目等の複合キーを持つビジネスルール系エンティティが位置づけられています。これらエンティティ間のリレーションシップ(関係線)が、上から下にめがけて1:Nの関係となるように配置します。

図5-3のテンプレートは、SCM業務をスコープとしています。マスタ群の3層目のビジネスルール系エンティティは、受注・出荷・物流業務の各イベント発生時に用いられるルールを定義しており、リソース系エンティティのプライマリキーを複合したキーを持っています。なお、イベント群のエンティティとマスタ群とのリレーションシップは、個別のリソース系エンティティとは結ばず、ビジネスルール系エンティティと結ぶのが理に適っていて、かつ、美しいです。

続いて横軸の配置です。マスタ群では左から右へ、自社組織系(従業員含む)→取引先系→品目系という配置が良いです。その理由は、「取引先+品目」という複合キーによるビジネスルールが多岐にわたるケースが多いこと。また、自社組織は比較的モデルが安定していますが、右側に位置するエンティティほど、モデル拡張が行われる可能性が高く、モデルに手を加えやすいこと等によります。

イベント群では、左から右に、ビジネスフローの時間的推移(見積⇒受注⇒出荷など)に従って配置するルールとなっています。これらの各イベントエンティティを元として更新される残高や集約エンティティ群も、イベント群の配置に準じることになります。

ちなみに、プロセスをイメージしやすくする工夫も施しています。例えば、受発注・受払明細の発生と同時に更新される在庫に対してのN:1のリレーションには、INSERT、UPDATEのコメントを付与しています。また、受発注・受払ヘッダと売上集計との間のN:1のリレーションには、SUMMARYのコメントを付与するなどです。

次に、エンティティ表記の工夫について解説します。

論理データモデリングでは、エンティティのスーパータイプとサブタイプをきちんと識別して描画することがセオリーです。例えば、組織マスタ(スーパータイプ)の下方に「○印+分岐線」で部・課・グループ等(サブタイプ)を複数つないでいる箇所がそうです。この表記は、ER図がともするとエンティティのメタデータの属性のみに囚われて、インスタンス(とりうる値)が見えにくくなるのを防いでいます。汎化されたエンティティの場合に特化されたエンティティを、スーパータイプとサブタイプの関係で表現することで、エンティティの中身を見える化できるのです。加えて、基本となるスーパータイプの背景は濃い目の色で塗りつぶし、他のサブタイプよりも重要度が高いことを強調しています。

このような工夫を凝らして描かれたデータモデル図は、関係線の交差が少なく、裾広

図5-3 SCMデータモデルのテンプレート
（http://www.ric.co.jp/book/contents/ITA-zu.pdf を参照してください。）

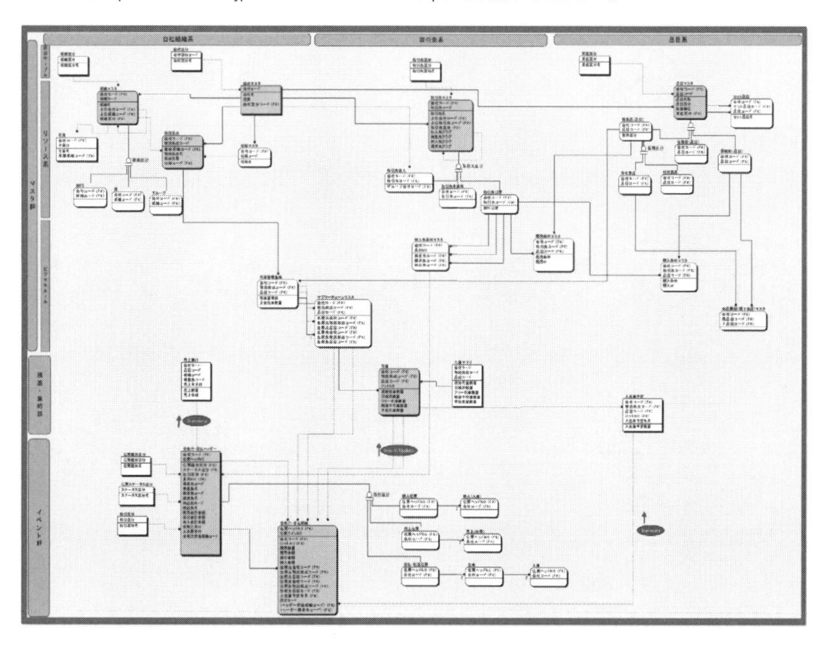

がりで美しい形になります。何よりも、決められた配置ルールに従って、メリハリをつけて描かれているので、ビジネスモデルの読み取りが容易です。

想像力の湧かないデータモデルの例

図5-3のテンプレートは模範ですが、こうした記述ルールに素直に従って描画すると、当然ながら図に余白が生じます。しかし、この余白を取り除くために、エンティティの配置ルールを崩す必要はありません。せっかくの美しいデータモデルが、無味乾燥した配線図や回路図の如き「テーブル関連図」に成り下がってしまうからです。

図5-4がその悪い見本です。近年、この手のモデル図をプロジェクトの現場で実に多く見かけます。これではせっかくのモデル図も、脱却しようとしているITスラムと大差ありません。線が錯綜したモデル図は読める代物ではありません。またこの逆に、リレーションシップ（関係線）が全く描かれていない板チョコのようなモデル図もたまに見かけますが、論外です。

図5-4 SCMデータモデル（アンチパターン）

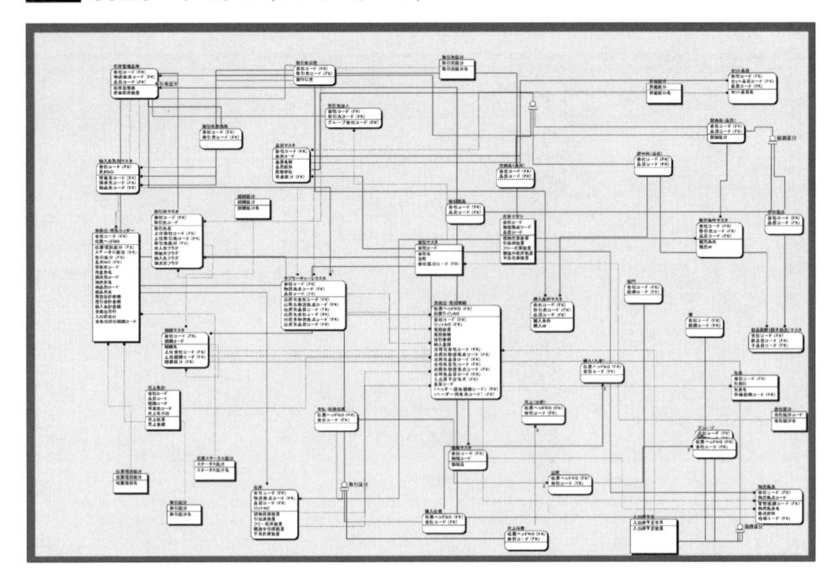

上級のデータアーキテクトには、ビジネスのメリハリを表す均整のとれた美しいデータモデル図を描くことが求められます。「ITアーキテクトにはアート&サイエンスのスキルが必要」といわれる所以です。エンタープライズシステムは、世界に2つとないITアーキテクトの作品であり、お金を出せば簡単に手に入るコモディティではないのです。

5.4 分散データ配置の落としどころ

Theory of IT-Architecture

集中と分散の狭間(はざま)で

大規模で複雑化した企業システムは、少なくとも今後5～6年先を見据えたところで、現実的にどのようなデータアーキテクチャを指向すればよいのでしょうか。「現実的に」と断ったのは、ベンダや先鋭的な開発者が提唱する最新ITを駆使した究極のモデルではないという意味です。例えば高速大容量のインメモリDBマシンで全リソースを集中処理するとか、その真逆で、小さく切り刻んだマイクロサービスで極度の分散処理を実現する等です。

本書で度々指摘しているように、大規模な密結合システムと化した企業システムには、もはやこれ以上のスパゲティを盛り付けるわけにはゆきません。疎結合に舵を切らねばならないことは、皆さんも薄々と感じているのですが、マスメディアは往々にして極端で目新しい解を吹聴するので、「どうしてよいか決断がつかない」というところが本音ではないでしょうか。集中と分散の狭間で右往左往させられるのは、いつもユーザ企業です。

このデータの統合と配置については、データアーキテクチャの教科書にも書かれていませんが、本節では筆者なりのセオリーを語ってみます。前提として、上記のような「DBマシンをもってすれば疎結合化は不要である」みたいな見解は除外します。なぜなら、いくら処理が高速化してもメンテナンス問題は解決しないこと、ビジネスが多様性重視に向かっていることなどがその理由です（DBマシン自体を否定はしません）。よって話の論点は、「どのていど疎結合化するか」ということになります。

図5-5 企業システムの疎結合化の例

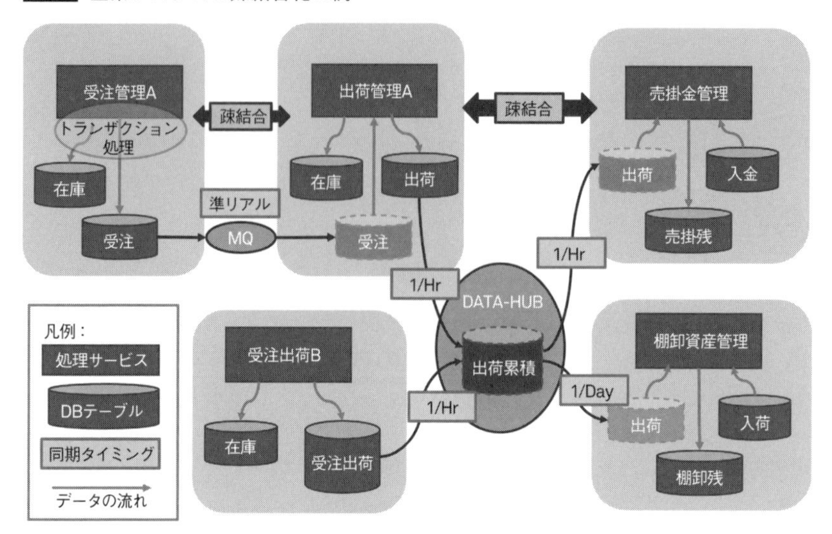

現実的な疎結合化のていど

図5-5は「企業システムの疎結合化の例」です。エンタープライズシステムにおける疎結合化の障壁は、何といっても「データの一貫性」です。マイクロサービスに至ってはなおさらです。

「障壁」という言葉を用いましたが、企業システムにおけるデータ中心の重要性は、今までも今後も変わりません。迅速な意思決定には常に最新の正しい情報提供が必要です。ではなぜ障壁なのか？ それは、物理的に一元化されたDBに排他制御を施した従来型集中トランザクション処理ができなくなるからです。すなわち、疎結合化するに従い、関連するデータの"リアルタイムでの"一貫性を保証することが難しくなるのです。それでは改めて、リアルタイムでの一貫性が本当に必要なのかを考えてみましょう。

モノリシック[2]なERPパッケージによるリアルタイムなデータ一貫性は、その作り手にとっては理路整然としていてシンプルです。受注・出荷・売上計上・在庫／棚卸資産減少・売掛金計上といった一連の処理がリアルタイムに行われ、実に気持ちが良いのですが、ビジネスにとっては、必ずしもリアルタイム性が必要というわけではありませ

*2　モノリシック：monolithic。一体となっている、一枚岩的な、という意味の形容詞。

ん。たとえ売上計上が出荷基準であっても、同時に売掛金残高が更新されなくても通常は問題ありません。棚卸資産残高の減算も同様に、リアルでなくても構いません。しかし、ビジネスが要求するタイミングにおいては、一貫性を維持する必要があります。

企業システムの疎結合化では、分散DB設計が重要なキーとなります。分散DB間でのデータ一貫性を保持するためには、限りなくリアルタイムに近い準リアルタイムから、30分間隔、1時間間隔、日次2回、日次1回といったように、ビジネスが要求するインターバルで遅延型同期を行うことになります。同期の実装方式はメッセージキュー、ファイル転送（データHUB経由）、DBレプリケーションなど様々あります。なお、他システムへの2フェーズコミットは、そもそも疎結合化に反するので除外します。

ところで、分散トランザクション処理は禁じ手ですが、1システム内でのトランザクション処理は可能です。図5-5では、受注処理における受注DBの更新と在庫DBの引当、あるいは、出荷処理での出荷DBの更新と在庫DBの減算などが該当します。これらのリアルタイム性はビジネスの要求であり、分断することはできません。

一元管理とシングルインスタンスは別の話

補足になりますが、データベース設計には「One fact in one place」というセオリーがあります。データ無法地帯状態から抜け出す中央集権的データ統治を必要としたホストコンピュータ全盛期には、物理的な1インスタンス化を意味したかもしれません。しかし、密結合システムの限界を迎えつつある今日、このセオリーはあくまで論理的なものと捉えた方が自然です。

データ管理の一元化と、物理実装の集中化とは異なるという話です。DA（データアーキテクチャ）と言えば、何かとデータモデルの良否にばかり論点が集中しがちです。しかし、難しいのは「どこにどのようなデータを配置して、これをどのような経路で、どのようなタイミングで、社内ユーザに届けるか」の設計です。この設計を間違うと、せっかくの素晴らしいデータモデルも効果半減です。

Theory of IT-Architecture

クラウド移行とデータ統合環境

「クラウドコンピューティング」は既にバズワードではなく、企業システムのプラットフォームの1つとして認知されてきたようです。今後、私たちの企業システムをオンプレミスからクラウドへ移行する際に、ぜひともクリアーしておきたい「データ統合」の課題があります。念のためお断りしておくと、ここでとり挙げるクラウドは、SaaS[3]を代表とするパブリッククラウドサービスです。業務サービスを数か月という速さで構築でき、ITを生業としない一般ユーザ企業に、大きなコストメリットをもたらします。

さて、かれこれ10年ほど前の2008年頃、クラウドの技術的方向性がほぼ確立し、世間は「所有から利用へ」と新しいSaaSの登場を待ち望んでいました。当時の私は、前職のM&A対応で欧州の子会社を訪問し、業務アプリの約7割がSaaSだったことに驚いたものです。その後、日本でも、中小企業向けのSaaSメニューは増えました。しかし、大企業におけるパブリッククラウドの利用は、メール等のOA系システムを除き、大きく進展したとは言えません。

その替わりに、誰が言い出したのか知りませんが、「プライベートクラウド」なる概念が登場しました。従来のハウジングサービスに近いものまで「クラウド」の名で広がり、国内ではかなり主流になりました。その結果、さらなるベンダロックインへと向かい、画期的なコストダウンは未だに図られていません。

プライベートクラウドの悲劇

この「プライベートクラウド移行に向かわざるをえなかった」理由は、次のようなこ

*3　SaaS：Software as a Serviceの略で、クラウド環境で必要な機能を必要な分だけサービスとして利用できるようにしたアプリケーションソフトウェア。

図5-6 データ統合環境下のクラウド利用

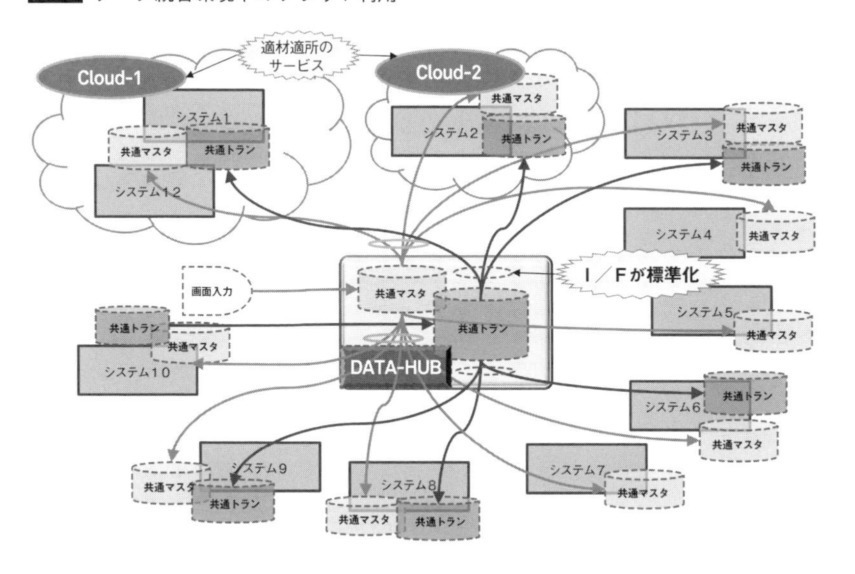

ろでしょうか。

① 日本の大企業の基幹系システムは、非常に手の込んだ複雑なものだった。

② 巨大な密結合システムの一部を、SaaSサービスへ切り出すのは不可能だった。

③ セキュリティに過敏になり、パブリッククラウドに対する漠然とした不安があった。

さて、これらの理由の根っこには、何があるでしょうか。①と②は、まさしく企業システムのアーキテクチャに起因します。特に、データベースの配置と連携の構造がポイントとなります。③については、慎重な国民性に拠るところがありそうですが、技術的課題は新たな技術をもってクリアーされるとして、ここでは①②の打開策を考えてみましょう。

まず、①の問題については、企業固有のオリジナリティー（＝強み）を支援するアプリケーションとそうでないものを区別して、後者からSaaS利用に踏み出すことを考えましょう。その上で、前者について、手組み（スクラッチ開発）&クラウドというPaaS[4]にチャレ

*4 PaaS：Platform as a Serviceの略で、クラウド環境でアプリケーションを実行するためのプラットフォーム（OS、ネットワーク、フレームワークや開発環境）をサービスとして利用できるようにしたもの。

ンジするのがよいでしょう。

次に②の問題ですが、図5-6「データ統合環境下のクラウド利用」を見てください。汎用的なクラウドサービスをサイロ化させずに、オンプレミスと連携して活用するためには、そのサービスと接続するインタフェース（I/Fと略）データ群の統一がどうしても必要となります。

I/F標準化と疎結合への移行

オンプレミスに散在した業務アプリケーションを統合した後にクラウドへ移行するのなら、このI/Fは必然的に一本化されますが、アプリケーションの統合には時間を要しますので、それまで待ってはいられません。したがって、標準化したI/Fデータに基づくデータHUBの構築を先行し、そこに複数のオンプレミス業務アプリを（コード変換も含めて）つなぎ込むことを考えるべきです。そうして疎結合アーキテクチャに変えていけば、早い段階でクラウドサービスが利用可能になります。

さらにもう1つの図5-7「カオス状態のままでのクラウド利用」を見てください。図5-6と対照的に、こちらはI/Fの統一をせずに、スパゲティ状態のままで、その一部がクラウド環境にまたがっています。既存の複雑巨大な企業システムを、なすがままにクラウド

図5-7 カオス状態のままでのクラウド利用

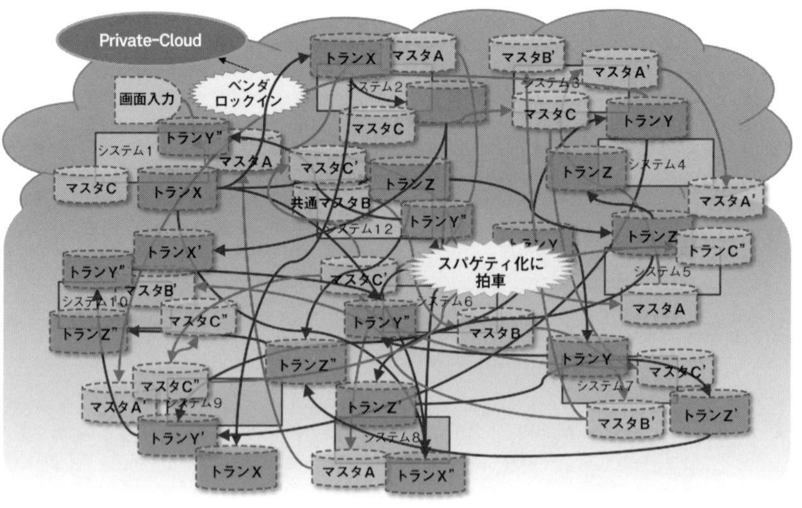

化したに過ぎないことがわかります。まさにこれこそが、プライベートクラウド一色の末路です。

データキテクチャの標準化により、適材適所で汎用サービスを積極的に活用していこうとするのが図5-6です。それに比べ、さらなるブラックボックス化の助長が懸念される図5-7では、汎用市販サービスの利用からはどんどん遠のいてゆきます。どちらに将来性があるかは明白です。但し、図5-6のアーキテクチャにもっていくには、統合データHUBを作成するという、少しばかりの回り道が必要です。しかしこの一手は後々、企業システムに大きなリターンをもたらすことになります。

ITアーキテクチャの転換地点で、足元の整備（ここではデータ環境の見える化や統合）を行っておくことは極めて重要です。カオスと化したモンスターをインメモリDBなどのハードウェアの力技（ちからわざ）で、一見何も問題がないかの如く延命しても、必ずどこかで破綻をきたすでしょう。いずれコントロール不能なソフトウェアのために、とてつもない代償を払わされるかもしれません。

クラウド移行を考える今こそ、データ環境整備の好機です。ユーザ企業は、ERP導入の経験から学ぶべきです。見える化のチャンスを、またしても逃がさないようにしたいものです。そしてそれは、ベンダ主導を脱し、ユーザ企業自らがリーダシップを発揮してこそ達成できるのです。

パッケージ導入でのデータモデル活用

近年の企業システムでは、ERPを含むパッケージシステムの適用が珍しくなくなりました。通常は会計、人事、販売、購買、在庫管理など、一般的な業務パターンが通用するアプリケーションの実装に使われます。ところが多くの企業で、このパッケージ導入がうまくいっているとは言い難いのが実情です。教科書には、「パッケージ導入においては、業務（または既存システム）とパッケージシステムのFIT&GAP（フィット&ギャップ分析：業務適合性分析）をきちんと実施しなさい」と書かれています。さて、このFIT&GAPでは、具体的に何を比較するのでしょうか?

通常、SIベンダが採る手法では、「××××ができるか、できないか?」といったように、業務機能について、ユーザ企業のそれとパッケージを比較します。もちろんこの業務機能に関するFIT&GAPも重要です。しかし、この機能の"表面的比較"だけを行って、実際の開発に入ってから、多くのアドオン開発やカスタマイズが発生し、高額の費用追加と納期遅延を招くのです。筆者は、個々の企業とパッケージの本質的な差異を見極める手段として、「データモデルのFIT&GAP」を実施することを強く推奨します。

データモデルのFIT&GAP

まず、「パッケージは世の中の汎用モデルをもとに製品化されているもの」という大前提があります。このモデルを、パッケージが保有している価値を損なうことなく、できるだけ安価なコストで自社に適合させることがセオリーです。ここで大事なのはパッケージの原型の価値を失わないことです。すなわち、自動化による省力化、優れたUIによる操作性、部品化による保守性などは、システム化によるビジネス効果そのものであると言えます。それが極度のアドオンやカスタマイズにより変形したのでは、期待されたROIが得られなくなります。

図5-8　　図5-9

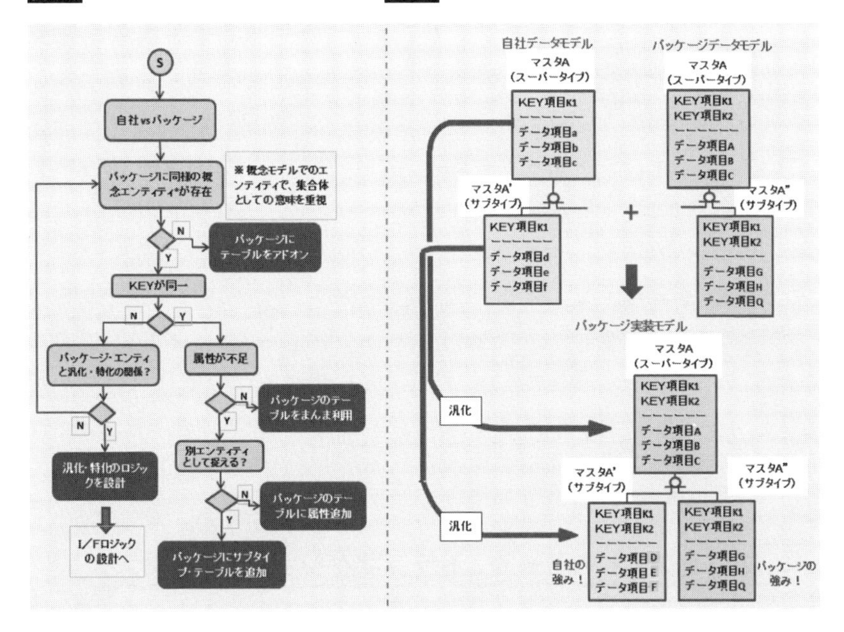

パッケージの原型を失わずに、アドオンやカスタマイズを施すためのモデリング手法があります。まずはデータモデルについてです。

最初にマスタに着目し、自社とパッケージのER図を比較します。このとき、対応する概念エンティティが存在しない場合は、テーブルアドオンとなります。ここで気を付けなければいけないのが、あくまで“概念エンティティ”が一致するかどうかであることです。エンティティ名称だけを見ての表面的判断にとどまらず、抽象化すればパッケージのエンティティに包含できるかどうかまで考える必要があります。

同様の概念エンティティが存在する場合は、次のステップに進みますが、両者の論理データモデルの状況により対応方法は分かれます。プライマリキーが同一で属性が不足している場合は、属性を追加することになります。ここで不足したデータ属性の性質から、パッケージのエンティティのサブタイプとして、別テーブルを生成することもあります。プライマリキーが異なる場合は、両者が汎化・特化の関係にあることが多く、スキーマの変換が必要となります。このあたりは図5-8を参照してください。

ここで注目したいのが汎化・特化関係です。汎化・特化では、スキーマの自動変換ロジック（縦持ち横持ち変換）が成り立ちます。安易に別テーブルを新設せずに、自社のマスタを自動変換してパッケージに流し込むための「インタフェース」を作成すべきです。

安易なテーブルアドオンは、システムのサイロ化を助長するので避けねばなりません。一方で、自社モデルにないパッケージ固有のデータ項目群はサブタイプテーブルとなり、自社モデルから流し込まれたスーパータイプとペアで利用されます。パッケージのサブタイプはパッケージの汎用的な良さ、自社のサブタイプは自社に特化した強みを表わします。これらを可視化することが、パッケージの価値を失わずに自社の強みを実装することにつながります。プロジェクトに先立つ現状分析において、予めスーパータイプ／サブタイプ表記をしておけば、上記の手順を適用しやすいでしょう（図5-9参照）。

マスタに続きトランザクションについても、同様の手順に沿ってFIT&GAPを実施します。元来、トランザクション内のデータ項目のうち、数量・金額・日付・区分等の属性以外のコード値は、マスタモデルの写像ですから、マスタモデルの適合性に左右されます。

プロセスよりもデータ、トランザクションよりもマスタ

これらのデータモデルに続いて、今度はプロセスモデルの差異分析を行うことになりますが、本項では（上記のXXXXができる／できないといった）プロセスモデルのFIT&GAPの手順の説明は省略します。

ともあれプロセスよりもデータモデル、トランザクションよりもマスタが優先で、FIT&GAPにおける最重要プロセスとなります。繰り返しますが、パッケージ導入時のFIT&＆GAPでは、実現機能の表面的比較だけでなく、内部のデータモデルの本質的比較をすることが成功要因となります。なぜなら、中心部のデータ構造が変われば、周辺部のプロセスが直接的に影響を受けることは明白だからです。

なお、物理モデルが非公開のパッケージでも、概念モデルや論理モデルの公開を求めることは理に適っています。自動車を購入する時に、エンジンのスペック開示を求めるのは当然です。企業システムはコモディティではありません。内部のアーキテクチャ（構造）にこだわるのは当然のことです。

第6章

AA：アプリケーション・アーキテクチャ

EAの中でも、DA層と同じくして、ユーザ企業の情報システム部門が深く関与していなければならないのがAAです。とはいえ、AAはTA（Technology Architecture）層と隣接しているので、DAに比較して、IT製品・サービスの実装アーキテクチャに引きずられるところが多いという特徴を持っています。本章では筆者が推奨するAAの成果物を紹介するとともに、今後のAAの方向性のひとつである疎結合アーキテクチャに言及します。

AAの入り口になる ドキュメント

建築のドキュメントに喩えた場合、DA（Data Architecture）層の成果物が部材表だとすれば、AA（Application Architecture）層の成果物は施工図に相当します。そしてこのドキュメントは、社内情報システム部門がユーザニーズに基づいて「設計」を行った後、施工業者に申し渡す「施工仕様書」として機能します。では、AA設計に際しての入り口は、どのようなドキュメントから着手すれば良いのでしょうか。

AA設計の成果物

世の中にあるEAの解説書には、情報システム関連図や表形式のシステム機能構成図を見かけます。しかし正直言って、DA層のER図のように、これといった決定的なものは、どうも見当たらない感じがします。DFD（Data Flow Diagram）はややDA寄りで、ITプロセスが見えにくいと言えます。ユースケース図ではアクターとの関係は分かりますが、プロセス間の関係がわかりにくいです。そしてどちらも、エンタープライズの全容をひと目で把握するのは困難です。企業システムがシンプルで小規模なら、これらのドキュメントでもよいでしょうが、大規模で複雑化したエンタープライズを表すには、ちから足らずです。

最近筆者が用いているのは、図6-1（架空会社のサンプル）のような「全社のアプリケーション鳥瞰図」です。「なんだ、こんな絵よく書いているよ」「これってDFDに近いんじゃない?」と思う方もあるでしょう。記述様式は図6-2凡例のごとく極めてシンプルです。システムとサブシステムの掲載、システム間の主なデータのやりとり、そして主要なデータストック（DB）の表示です。

UML世代の方々からは、「複数の視点を分けて書きなさい」とお叱りを受けそうです。「システムとシステムの関係に着目しているのに、サブシステムを透かして見るのはへん

図6-1 XXXXグループアプリケーション鳥瞰図〈ASIS／TOBE（201X.X.X時点）〉

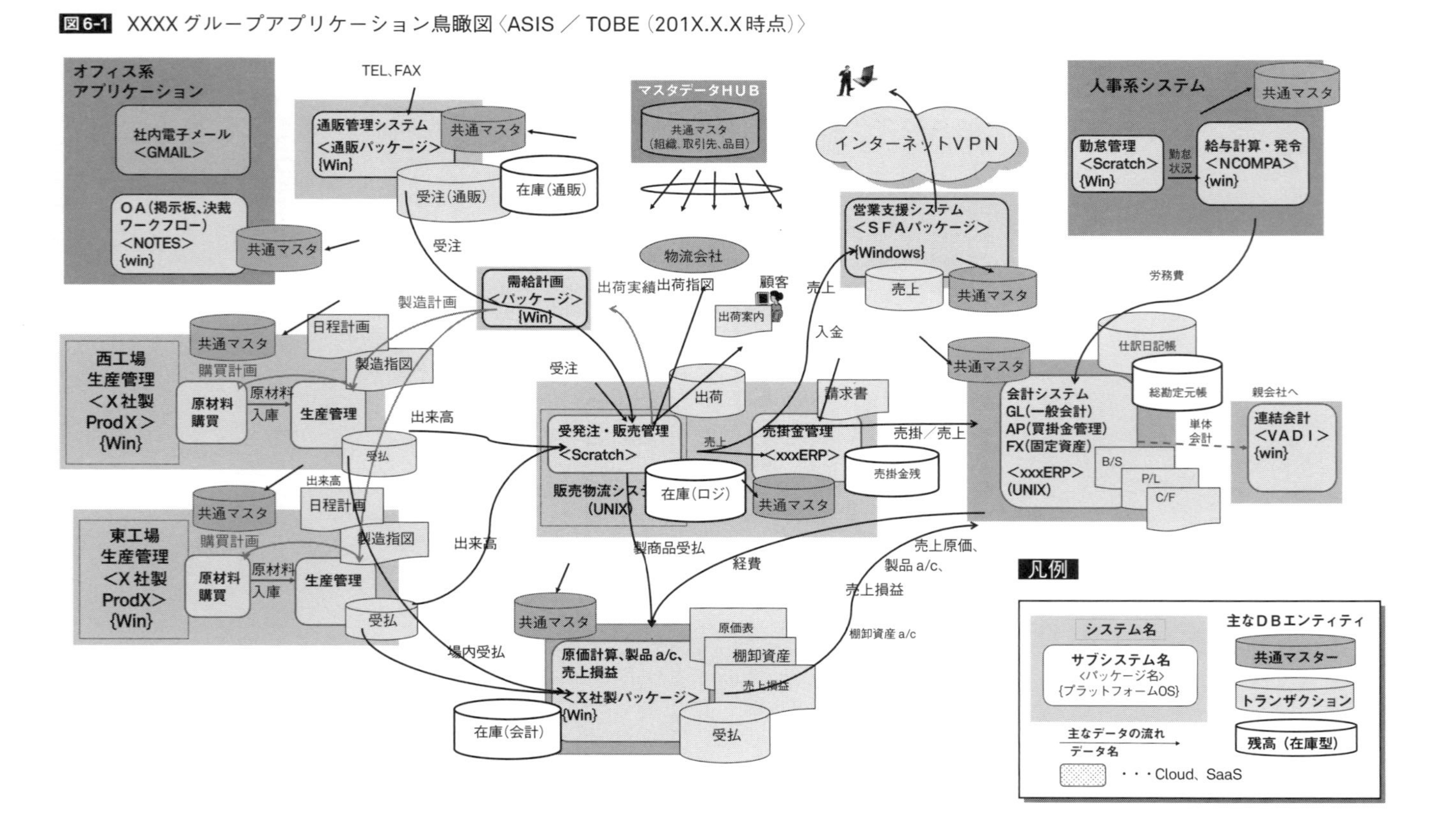

だ」とか、「システム間のデータのやりとりを書いているのに、データストックを併記するのはおかしい」とか…。それらの批判を承知で、正面から見た顔に横顔も合わせたピカソの絵のようなモデル図を、敢えて推奨したいのです。

キュビズム絵画のように…

この図の最大の利点は「1枚の絵で表す」ことにあります。別紙への参照やハイパーリンクでは、思考が瞬断されます。この1枚の絵をトップビューとして、その下にシステムごとのユースケースやDFDを描きましょう。さらにこのトップビューにシステムのプラットフォームまで併記すれば、TA層のヒントにもなります。でも、ここまでです。それ以上の視点を加えると、コテコテのてんこ盛りになって、描いた人しか理解できなくなってしまいます。

筆者はトップビューに関するドキュメントにおいては、「正確性」と「わかりやすさ」は両立させなくてもよいと考えます。機械で計測したような正確さは、EAの全体描画の段階では必要ありません。むしろデザインセンスが必要です。AA層の全社アプリケーション鳥瞰図では、各システムの位置関係や色使い、大きさ、線の種類、太さなどのバランスとメリハリがとても大事です。

現状(AsIs)をわかりやすく描画できたら、次はあるべき姿(ToBe)をどのようにしたいか?を表しましょう。例えば図6-1のように、マスタデータを中央のMDM-HUB(マスタデータ管理ハブ)に位置づけて、その周りにアプリを配置します。あるいは、孤立しサイロ状態になっているアプリをインタフェースするといった改善点を表します。「なんだそのくらい、普段から書いているよ」とおっしゃる方が多いかもしれませんが、その絵を部門で共有できているでしょうか。

筆者の前職の情報システム部門では、社内のミーティングルームの壁に、このAsIsとToBeの鳥瞰図が常時、掲載されていました。CIOや情報システム部門長など情報化企画のトップマネジメント層の方々は、アプリケーション鳥瞰図のAsIsとToBeの2枚を、ぜひ手元に保持しておいてください。コストダウンのKPI指標やリスク管理マニュアルも大事ですが、業務アプリケーションの将来像を手のひらに乗せ、普段からイメージトレーニングしておくことは、企業システムの将来を託された方にとって最も大切なセオリーです。

「見える化」のための作図方法

姿かたちのない企業システムを可視化することは、困難を極めます。その手段としてEA(Enterprise Architecture)の取り組みは適しており、BA、DA、AA、TAの各層別の成果物を作成することがベストプラクティスとなります。しかし、これら全てを完成させるには相当な時間を要します。果たして、全部の成果物を完成させないことには、システムの概要を知り得ないのでしょうか? 答えは否です。まずは全社システムを理解するために、深みはなくても、"掴み"で人を惹きつけることが重要です。

前節で示した図6-1のアプリケーション鳥瞰図は、直観的に全容を読み取るのに最適なモデル図です。このモデルはAAの成果物であると同時に、DAの要素もTAの要素も兼ね備えています。本節ではさらにこの図について、他の人に素早く理解してもらうために適した描き方と、誤った描き方をご紹介します。

プロセスを中心に入力と出力を描く

まず基本的な表記法ですが、先の図6-1右下にある凡例のとおり、プロセスに関しては、システムとそこに内包する数個のサブシステムのみを描きます。システムやサブシステムの粒度は、例示のように「全社」をスコープとした場合は、生産管理・受発注・販売管理・会計・営業・人事といったLOB(Line of Business)のレベルが妥当であり、20個以内にとどめたいものです。下位のサブシステムはLOBを機能別に分解したもので、せいぜい10個以内としたいところです。極度な大規模システムで、スコープを「全社」ではなく「システム」とせざるを得ないような場合は、サブシステムをシステムのレベルに置き換えて描きます。なお、これらのプロセス表記では、アンチパターン①「サブシステムの粒度が極端に合っていない」状態に気を付けなければなりません。

次にデータに関してですが、凡例にもあるとおり、プロセスを中心に→(矢線)でインプットデータとアウトプットデータを明示すること、すなわち「I-P-O」を描くことが基本となります。ここで注意しなければならないアンチパターン②が登場します。プロセス間をつなぐ矢線が、データでも業務処理順でもなく、「なんとなく何かが関連するだろう」という曖昧な結線です。これでは凡例による説明のしようがありません。つまり、モデル図として共通の理解を得るのが難しいことになります。残念ながら、ユーザ企業で目にするものの大半がこれです。

3つのアンチパターン

プロセス間の連携は、データ以外ではつながりようがありません。問題はシステムがスパゲティ状態になっている場合に、現行のプロセス間I/Fデータを洗い出すと、数10から数100ものデータ種別が洗い出されてしまい、どう描いてよいか分からないという状況に陥ることです。ここでさらなるアンチパターン③が登場します。「システム間I/F一覧表」なる、膨大な物理I/Fが淡々と綴られた数十ページにわたるExcel表がそれです。克明に洗い出されたI/Fは、主要なデータも些末なデータも同じレベルで扱われた、抑揚のない一覧表となります。これではシステム構築時のチェックリストにはなれたとしても、「見える化」の資料にはなり得ません。図6-2は、アンチパターン①～③を含んだ例です。

では、どのようにすればよいのでしょうか。答えは、業務知識に立脚することです。人

図6-2 システム関連図〈AsIs ／ ToBeのアンチパターン〉

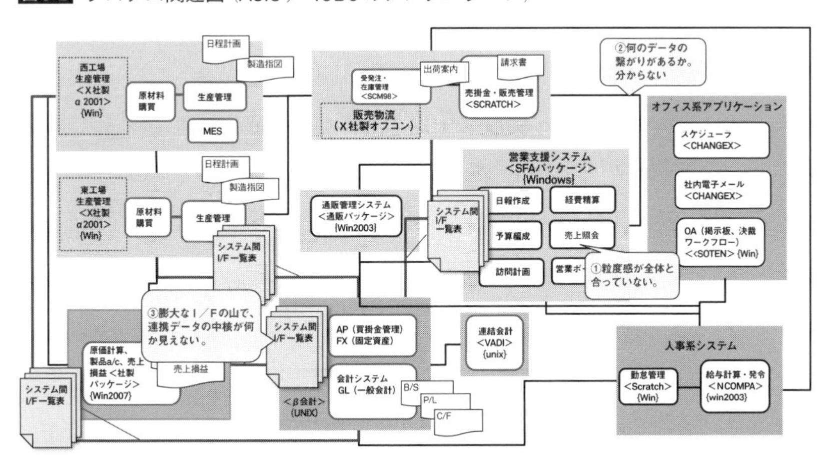

体に喩えれば、主な動脈のみに着目して毛細血管は無視するように、主要データの流通経路のみを選別します。

例えば「生産管理システムから受注システムへは、製品の出来高データが渡され（販売用）在庫に加算される。製造原価は工場内の原材料、仕掛品の受払データと会計から渡る各種経費データをもとに算出される。SFAシステムの営業モバイルPCには、受発注システムから渡った売上データが表示される。受発注システムで発生した売上データは、債権管理システムに渡って請求書に反映され、同時に売掛金残高に計上される」等々です。一般的業務知識を基に、幹（みき）になるデータフローが描かれていることが肝要です。加えて、主要なデータストック（DB）と、さらに出力帳票も描かれていればもっとよいでしょう。

業務知識を誰に訊くか？

ところで、企業内情報システム部門がアウトソーサに頼らざるをえなくなった今日、システムのプロセスの知識を持ちつつ、業務ロジックについても語れる人間が身近にいるでしょうか。もしも、「レジェンド」と呼ばれるシステム部員がまだ残っていたら、たいへんラッキーです。その人の業務知識を最大限に引き出すことを考えればよいのです。しかし分業が進んだ今日、EAの層別のプレイヤーが異なり、それぞれ特化した知識しか持ちえないとすれば、残るは社内のシステム利用者に聞くしかありません。中身がブラックボックス化したシステムを、偏りなく淡々と説明できる人間は、もはや運用担当者だけということになります。

それでは、この図を描ける人間をこれから育成するとしたら、どうでしょうか。私自身の経験から、OJTで全LOBのグランドスラムを達成するには20年近くかかり、今日のスピード社会では遅すぎます。むしろ、ビジネスゲームやMBAの経営学テキストを通じて、会計、SCM、HR（Human Resources）、マーケティング等のセオリーを座学で習得することが近道かもしれません。近年では、これらの社外学習の機会はふんだんに得られます。

実行系／計画系のバーズアイ

最後に、システム、サブシステムの全体配置です。実行系システムでは、サプライチェーンの流れに沿って左から右へ流れるように、原材料購買⇒生産管理⇒受発注⇒販売・債権債務管理⇒原価計算⇒会計の順で描きます（商社の左端は契約・受発注となります）。計画系システムでは、販売（実績）管理を起点とし、左側のサプライチェーンの上流（生産・購買）に遡って、生産計画や購買計画をフィードバックするので、情報は左向き←で描きます。このように時系列も意識すれば、さらに読みやすいモデルとなります。

正確性とわかりやすさは、必ずしも一致しません。モデル図は人に読んでもらって“なんぼ”です。但し、最低限のノーテーション（記述ルール）は必要です。願わくは、ITエンジニアの陥りやすいアンチパターンは避けたいものです。

見える化には「鳥の眼（バーズアイ）」が必要です。まずは上空から森を見ることで全容を掴み、その後に木を見て詳細を理解していけばよいのです。よいモデル図には、ITアーキテクトが長年の経験で培ったセオリーが、たくさん散りばめられています。

6.3

Theory of IT-Architecture

密結合アーキテクチャの終焉

ITアーキテクチャは時代とともに変化し、特にTAとAAの領域でそれが顕著です。2018年現在、2000年前後に一世風靡した密結合型ERPの時代がそろそろ終焉を迎えようとしています。同時に、2010年頃からクラウドコンピューティングが急速に台頭し、ITインフラのあり方を変えつつあります。そして2015年頃から、ビッグデータを有効活用しようという動きが活発化し、AIの登場がそれに拍車をかけています。こうしたことの全部が、ITアーキテクチャの潮流を「疎結合モデル」へと向かわせています。

日本企業は否応なしにビジネスのグローバル対応を迫られ、世界市場で独自性を発揮し戦っていかねばなりません。多様性を認めた上での創造的破壊が求められています。この時代背景にあって私たちは、今後10年、いや20年はもつITアーキテクチャを考えたいものです。本書では度々データセントリック・アーキテクチャの重要性に言及していますが、DAの次に長寿であってほしいのはAAです。

露呈する密結合の限界

ここへきてわが国の大企業システムは、ユーザ至上主義に基づく「おもてなし設計」と手厚い保守によって、想像以上の巨大化と複雑化を招いています。大企業に限定したのは、中小企業では高額なIT費用を捻出できず、ふんだんな保守要員を抱えるのも難しいからです（こちらの方がむしろ問題が少ないと言えます）。そして多くの場合、大企業の基幹系システムの中核をなすのは、2000年前後にビッグバン導入されたERPシステム、もしくは手組み[1]のOLTP（Online Transaction Processing）システムです。

*1　「手組み」とは「当該企業等の独自仕様に基づいて、スクラッチで設計・開発された」という意味。内製か委託開発かは問わない。

これらはどちらも、企業システム全体が今ほど巨大でなかった時代に作られ、「密結合モデル」が主流です（正確に言えば、さらに遡ること十数年前から存在する「バッチ処理システム」が、もう1つのアーキテクチャとして根強く残っています）。

これら密結合モデルの最大の問題は、システムが予想以上に大きくなったことで、トラブルの連鎖波及によりビジネスリスクが増大することです。限界を超える長いトランザクション処理でひとたびトラブルが検出されれば、想像を絶する膨大なロールバックが発生し、ひいてはデータ保全が危うくなります。また、更新波及が多ければ多いほどリアルタイム処理に遅延が発生し、トータルレスポンスに問題を来たします。元来OLTP処理は、DBの排他制御の関与により、データを全件処理するスループットがバッチシステムより遥かに遅いのです。

OLTPや（リアルタイムでデータを波及更新する）ERPは、規模が大きくなり過ぎると破たんを来たします。これを、ハードウェアの増強やインメモリ化といった力技で解決しようとすれば、さらなるオーバーヘッドが発生します。そして、ロジックの複雑性がもたらす問題は依然として解決しないままです。

図6-3 東京の地下鉄路線図

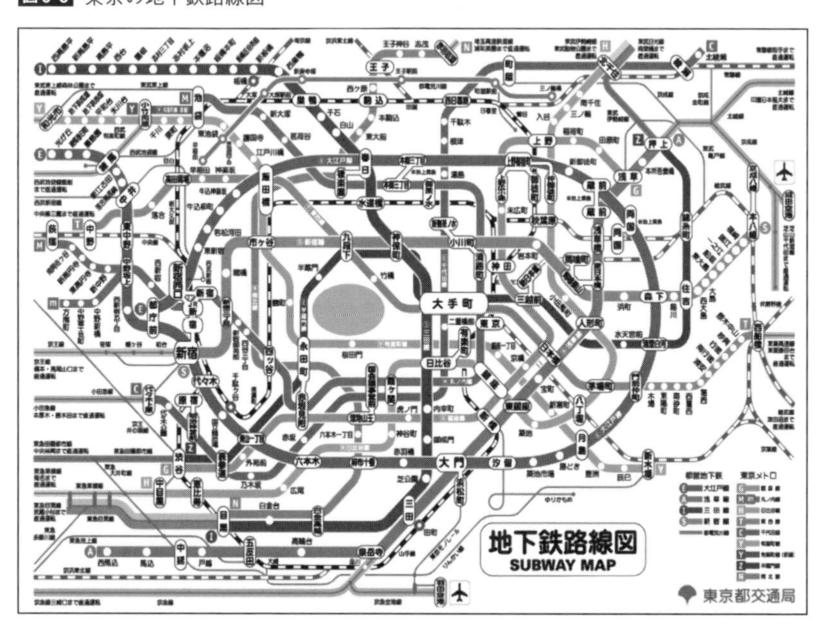

地下鉄の喩え

以前、ソフトウェアの未来をテーマとしたNPOフォーラムに縁あって参加したときのことです。日本でも著名なアーキテクトが、現実社会における疎結合の例として「都内の地下鉄」(図6-3)を挙げておられました。「地下鉄の一路線内の運行は密結合だが、異なる路線間は疎結合であり、一路線の運行トラブルが他の路線には直接的影響を及ぼさない(乗換駅での待ち行列はできますが)」という、とても分かりやすい説明でした。余談ですが、最近、首都圏通勤客の利便性を追求して、複数鉄道の相互乗り入れが進んでいます。ところが、結構な頻度で運行トラブルが複数路線へ波及する実態は、「まさに密結合の弱点なのだ」と妙に納得した次第です。

クラウドコンピューティングの時代に入り、企業のネットワーク環境はインターネットベースが当たり前になりました。様々な理由による伝送遅延と、アプリケーションシステムの複雑化を考慮すれば、どうしてもリアルタイムな密結合処理を必要とする部分を除き、これからの企業システムは疎結合アーキテクチャに向かわざるを得ません。トラブル波及のビジネスリスクを排除し、企業内の複数システムの同時並行開発を可能とすることは、リアルタイムのダッシュボードを眺めて一喜一憂することよりも、遥かにROIで勝ると思います。

基幹系疎結合化の具体例

前節では「企業システムの全体が疎結合に向かわざるをえない」と述べました。本節では一般企業の基幹系システムにおける「疎結合アーキテクチャの具体例」を紹介したいと思います。説明には物理データモデルを用います。

物流・会計における密結合と疎結合の対比

最初に、SCM（サプライチェーン管理）と、棚卸資産（製商品、半製品、原材料等）管理の組み合わせシステムに焦点を当ててみましょう。どちらも受発注や生産といった企業内の取引イベントによる在庫の増加減少が出発点となりますが、かたや物流管理、かたや会計という目的が異なります。

図6-4のデータモデルを見てください。上側が密結合、下側が疎結合モデルです。

上側の「モデルA」は、「受払明細イベント」と「在庫残高」の2つのエンティティからなる密結合モデルです。ちなみに在庫エンティティの主キーは「拠点コード＋品目コード＋ロットNo」であり、物流と会計の両機能を兼ねています。

このモデルの特徴は、受払明細イベントの発生と同時に、在庫残高エンティティにある数量、金額など全関連項目がリアルタイムで更新され、データの一貫性が保証されるところにあります。但し、1つに汎化された在庫残高エンティティは、ロット別在庫、品目別在庫、在庫金額など、実態はそれぞれ異なる粒度（実際のプライマリキー）のエンティティの集まりですから、更新ロジックは簡単ではありません。「在庫（評価）金額」に至っては、棚卸資産の評価法に基づく複雑なロジックが組み込まれます。

下側の「モデルB」は、受払管理と棚卸資産管理の2つのサブシステムで構成された疎結合モデルです。受払管理サブシステムでは、受払明細エンティティの更新と同時に、リアルタイムで物流在庫エンティティが更新されます。そして、もう1つの棚卸資産

図6-4 SCMと棚卸資産管理の密結合／疎結合（P.095図5-3のURLを参照してください。図6-5も同様。）

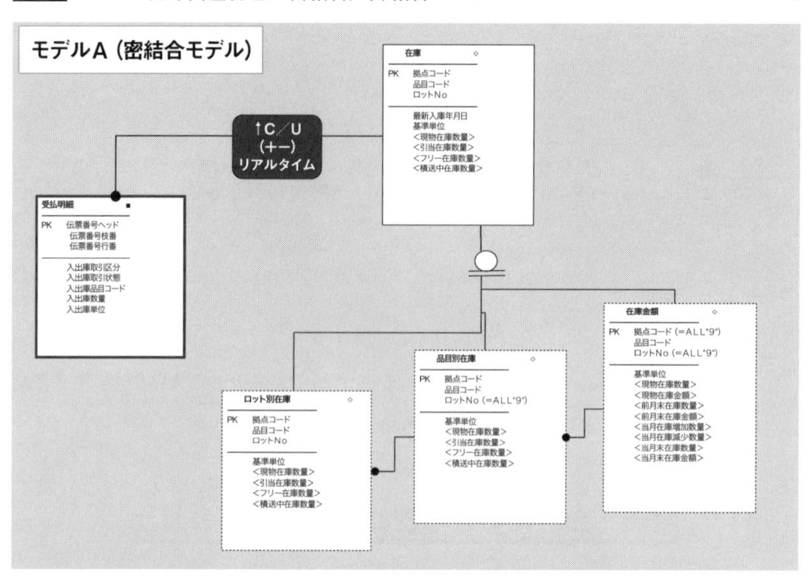

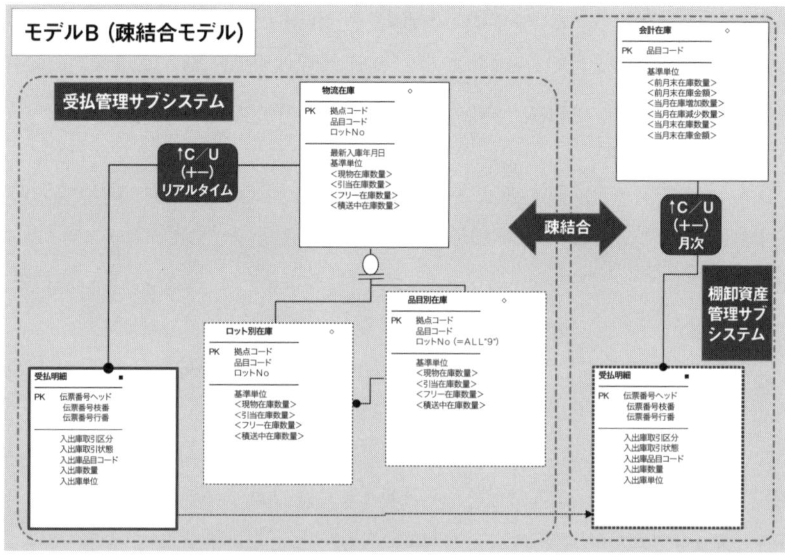

図6-5 SCM（受発注）と債権債務管理の密結合／疎結合

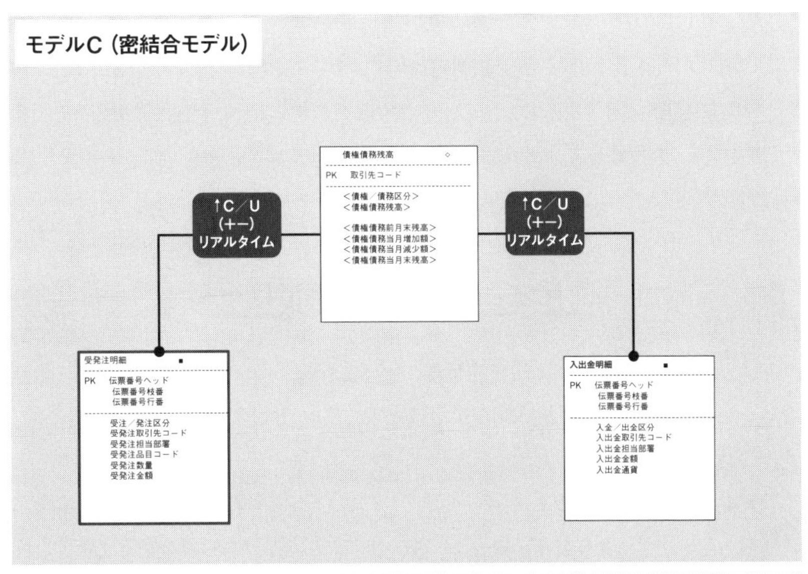

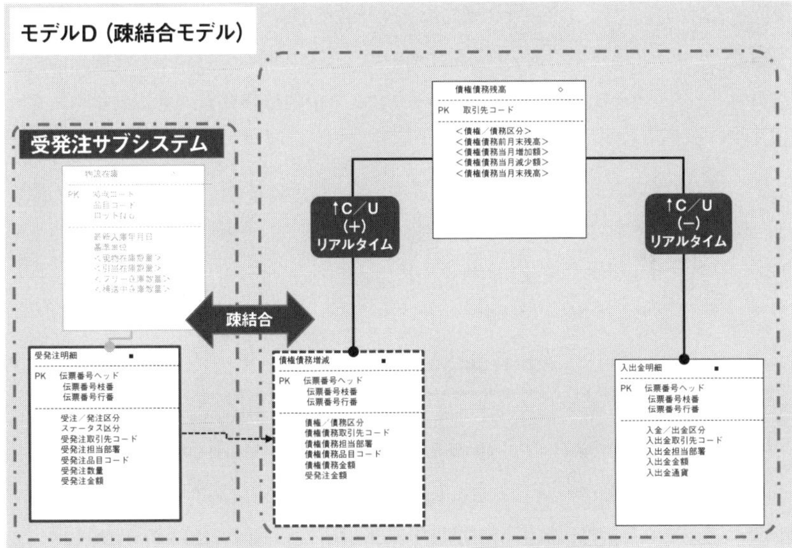

管理サブシステムでは、同様の受払明細エンティティを非同期で再利用して、会計在庫エンティティを必要なタイミングで更新します。

このモデルの特徴は、同一の受払明細エンティティを更新トランザクションとして用い、粒度も更新タイミングも異なるそれぞれの残高エンティティを別々に更新するところにあります。物流在庫と会計在庫の両エンティティが"緩やかにシンクロナイズする"疎結合モデルということになります。

受発注と債権管理の例では…

では、もう1つの例として、受発注管理に債権債務(売掛金、買掛金)管理を加えた組み合わせシステムを見てください(図6-5)。上側の「モデルC」が密結合モデル、下側の「モデルD」が疎結合モデルです。

モデルCは受発注明細と入出金明細という2つのイベント系エンティティと、債権債務残高エンティティからなる密結合モデルです。一方のモデルDは、受発注管理と債権債務管理の2つのサブシステムからなる疎結合モデルです。モデルDでは、受発注明細エンティティの登録更新と、受発注明細の一部を非同期で再利用した債権債務増減明細、及び入出金明細の、両エンティティによる債権債務残高の更新は完全に非同期です。

さて、2つの例を見ました。必ずしもリアルタイム性を必要としない2つの業務の間では、共通イベントトランザクションを遅延同期することで、それぞれの残高を独立して更新します。このセオリーを疎結合化のために適用しています。

それぞれの利点と制約

果たして密結合と疎結合のどちらのモデルを選択すべきでしょうか?

まず、上記の2つのケースで共通して疑問視されるのが、会計まわりのリアルタイム性です。そもそも会計は、ある一定期間内でビジネスを評価するものです。概念的にリアルタイムに遷移していても、現実のデータ把握は年、四半期、月単位が通常であり、最短でも日単位で十分です。しかし、"システムモデルとしては"どちらもありえます。

ビジネスの規模が小さく、かつ要件が複雑でない場合は、密結合モデルのERPを標準仕様で使うことで早期導入と保守外注が可能となり、ROIが得られるかもしれません。しかし、大規模かつ複雑になってくると、レスポンス確保やトラブル連鎖防止に備えたテスト工程の増大、複数個所の同時改修の難しさ等から、ビジネスアジリティへ追従できなくなってきます。

一方の疎結合モデルは、トラブルのサブシステム内封じ込めと、個別機能の同時並行改修が可能になります。しかも、不必要なデータ更新によるオーバーヘッドが少ないので、レスポンス問題も少ないでしょう。ある規模を越えると、疎結合モデルがアジリティとコストの両面で圧倒的に勝るといえます。但し、疎結合モデルでは、他システム(他人)が生成したトランザクションデータを再利用することになるので、データを再利用するための厳密なデータ定義が必須です。そしてそのデータ定義は、リポジトリに電子的に格納されていることが好ましいでしょう。

疎結合アプリケーション全社マップ

前節では、基幹系アプリケーションの一部に疎結合化を適用した具体例を示しました。では、企業内業務アプリケーションの全域に疎結合化を施した場合、そのアーキテクチャはどのようになるでしょうか。本節では「エンタープライズ疎結合アプリマップ」と題して、それを図表現したモデルを紹介します。また、そのポイントについても説明します。筆者が全社システムの絵を描くのは、前職以来、久しぶりですが、会社の基幹系業務全体のミニチュア模型を手のひらに乗せるつもりで描いてみました。

緩やかに連動する自立分散型システム

ご紹介するのは架空の企業（業種はメーカー）のモデルです。契約・受発注、生産管理、会計などの各業務アプリケーションには、それぞれ一般的によく登場するエンティティが描かれています。各業務アプリは独立して機能し、それらがイベントデータを介して緩やかにシンクロナイズしながら、全体で緩やかに整合性を保って機能する自立分散型システムとなっています。

既にお気付きと思いますが、同じ名前のエンティティが複数存在しています。典型的な疎結合モデルを説明するために、データHUBおよび各アプリに保有する在庫エンティティを白で表わしてみました。とことんリアルタイム性にこだわるITエンジニア、ESB（Enterprise Services Bus）経由でどこまでも発生源データを取得しようというSOA信者、"One Fact In One Place"を標榜するDOA原理主義者のいずれの方々も、思い切り裏切ることをお許しください。なぜなら今日の課題は、行き過ぎた密結合からの脱却だからです。

上記の在庫エンティティ（テーブル）のケースで補足説明しましょう。右の図中、ECサイトの在庫テーブル、契約・受発注の在庫テーブル、物流・在庫管理の在庫テーブル、

図6-6 エンタープライズ疎結合アプリマップ（P.095図5-3のURLを参照してください。）

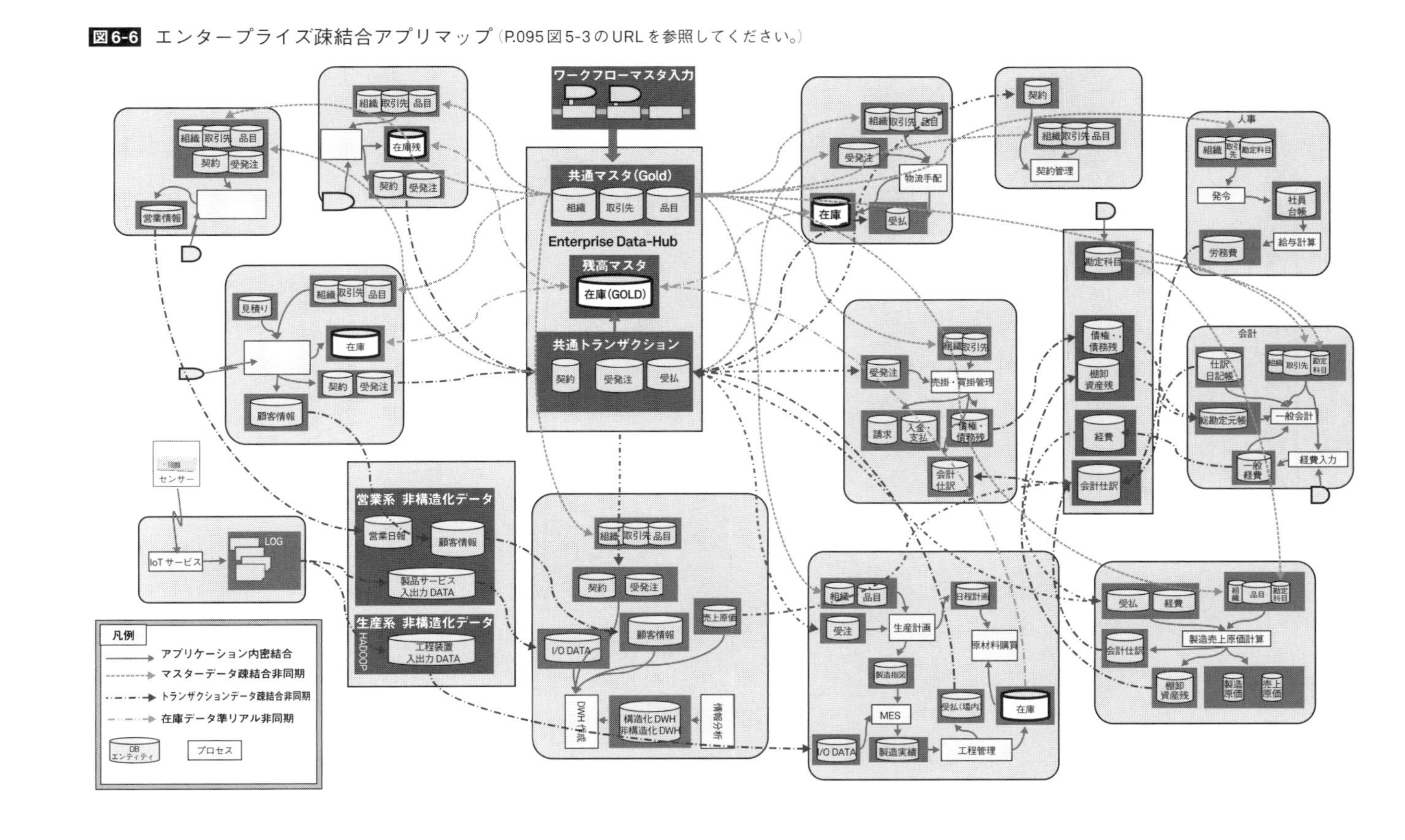

さらには生産管理の在庫テーブルという合計4つの在庫は、理論上、1つのテーブルに統合することが可能です。しかしこれらのいずれもが、運用の条件やトランザクション処理量が相互に激しく異なります。

ECサイトは24時間365日ノンストップが求められますが、物流・在庫管理、生産管理（仮に日勤工場とします）では、夜間はオンライン運用を停止してバッチ処理が組まれていたりします。トランザクション量の面では、契約・受発注と生産管理では数百倍の開きがあります。まして、コンシューマ相手のECサイトに至っては論外です。ECの繁忙期に、生産管理の計上処理が待ちに入り、生産が滞る等は考えたくもありません。このような背景から、在庫DBを中心としたコンフリクトは必至です。

テーブルを分けつつ緩やかに同期

このようなケースでは、敢えてテーブルを統合せずに複製を持つことが現実的です。そして複製テーブル間のデータ同期には、更新差分（受払トランザクション）のファイル転送、DBレプリケーションなど数種類の方式が考えられます。

3ノード以上のデータ同期では、真ん中にデータHUBを据えることでスパゲティ化を防げます。この例では4か所(場合によってはBI等へも)での分散であり、エンタープライズデータHUB（後述）の在庫が正本（GOLD）として機能します。このことは、MDM（マスタデータ管理）におけるマスタのゴールデンレコードに近似しています。通常のマスタデータと異なる点は、データ更新頻度が頻繁であることです。

当エンタープライズモデルでは、左下の凡例にあるように、アプリ内の密結合のデータ連携を実線で表し、アプリ外との疎結合連携と区別しています。さらに疎結合の中を、通常のマスタデータの非同期配信（参照のみ）は点線、受発注等のトランザクションエンティティの疎結合連携は一点鎖線、さらに、在庫データの準リアル非同期連携は二点鎖線で表しました。これらの点線で表したデータ同期は、完全なリアルタイムではなく、タイマーバッチ～オンバッチ～準リアル（トリガー起動）等、ビジネス上許されるインターバルで緩やかに同期することができます。

疎結合の粒度を履き違えていないか？

なお、このモデルには本書の第Ⅲ部でご説明する「エンタープライズデータHUB」のほかに、「エンタープライズアカウントHUB(会計HUB)」が描かれています。仕訳データや勘定残高データも、AP/AR(売掛買掛)、GL(総勘定元帳)、原価計算等の会計システム群ではお互いに共有することになりますから、いわば会計専用のデータHUBの役割を担っています。さらにこのモデルには、ビッグデータ時代の主役となる「エンタープライズデータプール」なるものも初お目見えしています。

このように、エンタープライズレベルでの疎結合データ連携のモデルを設計することは、現在の技術をもってすれば十分に可能ですし、実装技術も、排他制御を駆使する密結合システムより難易度が低いと言えます。

ところが、マスメディアやベンダのプロモーション、アーキテクチャの教科書などには、ESBを介したSOAアーキテクチャやWebサービス、マイクロサービスで作ることが「今流である」としか書かれていません。1業務アプリ内ならそれでよいのですが、エンタープライズ全体をこれらで組もうとすると、スパゲティ化、もっと進めばヘアーボール(毛玉)化を免れません。密結合システム間を疎結合化することは、今後の大規模、複雑系のEAを考える際に、極めて重要なセオリーとなります。

事例に見る「AAとグループ経営」

本書では度々、「ITアーキテクチャは社会的背景やビジネス環境のトレンドに左右される」と述べてきました。本節では、ここ数年の経営課題である「グループ経営」に焦点を当てて、AAとのあるべき関係を探ってみます。

会計システム刷新の経験

筆者は2000年から2005年にかけ、ユーザ企業の経営企画部に所属していました。その頃はちょうど、単体経営からグループ経営への移行期にありました。当時の経営企画部内には、各事業の代表者からなる「ドリームチーム」と呼ばれる事業支援グループと、経理・人事・情シス等の間接部門出身者からなる経営企画グループの2つがあり、私は後者に所属していました。個別事業の競争力を強化する「遠心力」と、グループ全体の統治を強化する「求心力」の、2つの相反するベクトルのバランスについて、日夜、喧々諤々議論したのを昨日のことように思い出します。

この頃の経営改革に向けた議論の結果が、現在の会社経営のスキームに大きな影響を及ぼしていることが、今になってよく解ります。当時、情報システム部門出身の私のミッションの1つに、グループ全体の会計システムの刷新がありました。2004年4月、まさに上記の議論を色濃く反映した新会計システムが、グループ24社で稼働を開始しました。AAの概略は、おおよそ図6-7のようになりました（実物をかなり抽象化しています）。「会計システムの刷新」といっても、その上流に位置するシステムで取引が発生するので、広義のSCM（Supply Chain Management）システムも対象範囲として描いています。

本章の最初の節でご紹介したように、AAを図式化する際には、長方形をただ羅列して線でつなぐのではなく、核となるデータ（特に主要トランザクション）を併記することでビジネスが垣間見えてきます。例示したAAのモデル図では、右側の終端にある連結会計か

図6-7 グループ経営とアプリアーキテクチャ

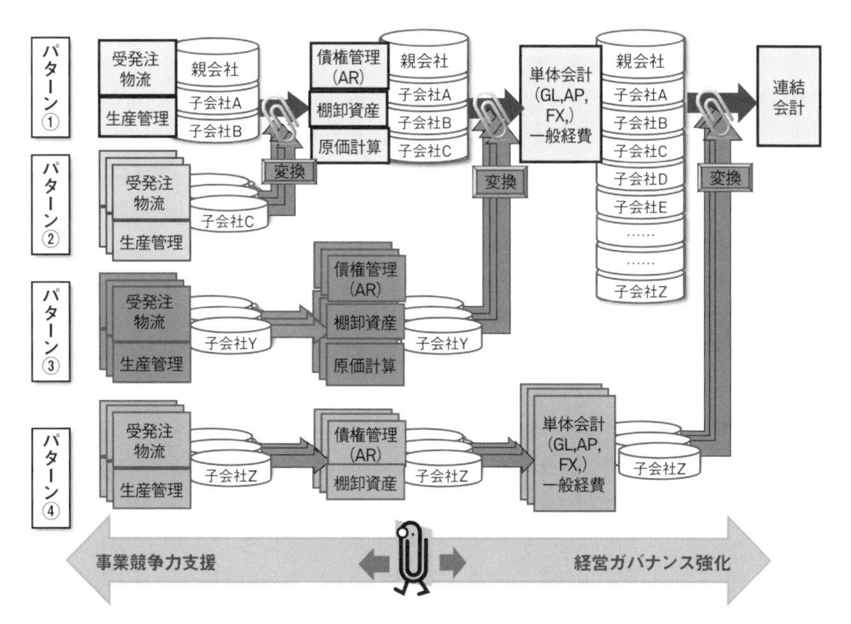

ら左側に遡る形で、複数のパターンが描かれています。これらのパターンは、グループ連結企業各社の経営ガバナンスを強化するために、どこまで共通システムを用いるか?、あるいは逆に、マーケットや商品特性に応じた事業競争力を強化するために、どこから先は個別システムを用いるべきか?の違いを表わしています。

パターン①は親会社とそれに近いマーケット、規模を有する大規模子会社のケースです。パターン②ではマーケット、商材の違いから受発注・物流・生産管理等の現場系システムが異なる中規模子会社群のケースです。パターン③は、マーケット、商材のみならず業種も異なるような子会社群で、単体会計から参加してくるケースです。④は海外子会社群のように単体会計まで個別システムで行い、連結会計のみ参加するケースです。①から④に向けて、システムの共通部分が徐々に減ってきます。

IT都合の性急な統合はNG!

パターン②③④それぞれの各アプリケーションは、同一パターンに所属する会社同士の間で、極力統一したいところですが、「緩やかな移行期」にあってはその限りではありません。また、異なるパターンの間であっても、同一業務(例えば受発注・物流など)ではコンポーネント部品の共有等が考えられますが、こちらもビッグバンでない限り、無理には考えない方がよいでしょう。あくまでビジネスのROIの観点を優先します。IT部門の自己満足に終わってはなりません。

グループ子会社がこのモデルのどのパターンに該当するかは、ビジネスの実態を知らなければ到底、正解に辿り着きません。そこが大事です。また、将来の子会社経営がどのような方向に向かうかも、重要なインプットとなります。エンタープライズシステムはまさにビジネスの写像です。ITの都合だけで安易な「グループ統合」を試みることは非常に危険です。

図6-7の上で、親会社を含むパターン①の横向きのラインに、子会社群がどの位置で束ねられるかをクリップ止めで描いてみたところ、束ねる位置により、親会社の事業内容との親和性が一目瞭然となりました。さらに、パターン①に結合する直前には、(コードやデータモデルの)「変換」が置かれています。これらは、個社のオリジナリティを活かしつつも、必要な部分についてのみグループ標準に合わせるための、ショックアブソーバの役割を果しています。

また、図6-7の下段では、大きな矢印の上にクリップが描かれています。クリップの位置は、事業競争力支援と、経営ガバナンス強化の間の、どの辺りにあるかを表わします。つまり、その子会社の遠心力と求心力のどちらを、親会社が重視しているかが見えてきます。「グループ経営」とはそもそも、このバランスをとることだとも言えます。以上により、AAにおいても、アーキテクチャがビジネスと表裏一体であることが証明されたと言えるでしょう。

第7章

TA：テクノロジー・アーキテクチャ

本章では、EAの中で最も変化が激しいTA（Technology Architecture：技術体系）に焦点をあてます。TAはビジネスイノベーションをもたらすパワーの源泉です。そして、EAにおけるTAの選択と組合せ適用は、情報システム部門の数ある仕事のうち、右脳を用いる最もアーキテクト（建築家）に近い創造的な作業と言えます。

7.1

Theory of IT-Architecture

あるべき姿はTAをネックにして描く

システムのあるべき姿として、TA（Technology Architecture）層をどうすべきかについて、確立した手法はありません。一般的にEAの世界では、［①現行（AsIs）業務］⇒［②あるべき（ToBe）業務］⇒［③あるべき（ToBe）システム］⇒［④現行（AsIs）システムからの移行］という流れを辿ります。つまりは「業務を見据えてシステムを設計する」わけです。このことに誰も異論はないでしょう。

問題は、②から③（業務からシステム）を考える際に、しばしば、④（現行システム）に引っ張られてしまうことです。その結果、業務面での変革のない「つまらないシステム」になり下がってしまうのです。

良いシステムとは、［②ToBe業務］を実現する⇒［③ToBeシステム］のところで、TAをうまくミートさせたものと言えます。言い換えれば、時代を先取りしたTA（狭義のIT）のパワーをうまく用いたシステムが、業務にパラダイムシフトをもたらすということです。

では、実際にシステムのToBeを描く際、どこのどのようなことに気を配ればよいでしょうか？

時間軸を考慮して青写真を描く

EA活動においてシステムの将来像（青写真）を設定する際、最も難しい変数は「時間」です。時を越えて考えることは、人間の最も不得意な行為の1つです。今を生きる私たちが、時間軸を加えた4次元の発想に移るのは容易でありません。いったい将来のいつの時点を前提にして、その青写真を描くかが最初のハードルとなります。仮に5年後を想定するのなら、5年後に入手できそうなITシーズを活用したシステムが、どのような業務改革をもたらすかを想像しましょう。

少し理屈っぽくなりましたので、筆者の実体験をお話しします。今は昔の1999年、前職で外勤営業職向けモバイルシステムの設計に携わったときのことです。当時流行していた製薬業界向け米国製モバイルPCパッケージがありました。このアプリケーション・パッケージのアーキテクチャはクライアント／サーバ型で、当時一般的だった低速の携帯電話網をベースとしていました。今では考えにくいのですが、毎朝10分から20分かけて、モバイルPC上のローカルデータベースに、前日迄の売上データを家庭の電話回線経由でデータセンターからダウンロード＆更新し、それが済んでから外出するという運用をしていました。

PC通信カードのリアルタイム利用といえば唯一、ホームページを閲覧するにとどまっていました。当時の私は、来るべき高速3G回線とWeb技術の進化を、通信キャリア（携帯電話会社）から得た情報によって予見できていました。そこで、モバイルPC上にはブラウザのみを実装し、当時まだ成熟していないWebアプリケーションベースのシステムを設計開発するよう主張しました。米国製パッケージベンダの営業担当からは、「あなたの設計は間違っている」と言われました。

この事例では、「1～2年後の、世界に先駆けた3G通信サービスの開始」という前提に、「絶対」はありませんでした。設計段階で敢えてリスクをとったことが、その後のシステムや業務に大いに貢献しています（新サービスが出るまでの代替案はもちろん用意しましたが、本流は新サービスを前提に考えました）。

TAは後から追いつくことを前提に

このとき得た教訓は、「将来のシステムを設計する際は、進化の早いハード／ソフトのインフラ部分をボトルネックにもっていくデザインを心掛けるべし」というセオリーです。間違っても、現時点のTA部分の物足りなさを理由にして、飛躍のないシステムを設計してはなりません。それゆえITアーキテクトは、新しいITシーズを用いたサービスを常にウオッチしていなければなりません。

加速するITインフラの発達を前提にして、将来システムの設計をする局面は、今後ますます増えるでしょう。例えば、IoT技術の進展は、イベント発生源でのデータ捕捉を可能とするため、システムのスコープ自体を拡大します。ビッグデータ技術の登場は、扱うべきデータの種類も量も格段に増やし、ビジネス活動におけるシステムの役割を変えます。クラウド化の進展は、ITインフラに対する要件そのものを変えるでしょう。

システム再構築の企画案件が増えてきた昨今、10年先まで使えるシステムを設計するとなれば、決して現在のITインフラを軸に考えないことが賢明です。少なくとも、ムーアの法則が健在で、ITの進化が続くかぎりは、です。

そして、TA層へ新しいITインフラをタイムリーに取り込むためには、前提条件があります。上位に位置するAA・DA・BA層が堅牢であること、それと同時に、新たなTAに対応できる柔軟性を持っていることです。そうでないと、新たなTAが出現する度に、システムをまるごととり換えるはめに陥るからです。

7.2

Theory of IT-Architecture

レガシー若返りの手順

TAの進化が速い今日、システム再構築におけるインフラ部分のデザインを考えるのは簡単ではありません。本節では、再構築を価値あるものにする「モダナイゼーション」(Modernization)の考え方をご紹介します。

マイグレーションでなくモダナイゼーション

モダナイゼーションとは、ビジネスの視点からレガシーシステムを最適化・近代化しようという、エンタープライズシステムの移行の取組みです。所謂「マイグレーション」が、異種プラットフォームへの移行の意味合いが強いのに比べて、アプリケーション面も含む広範囲な取り組みです。進化の早いIT環境の下、ユーザ企業の情報システム部門にとっては、「言うは易し行うは難し」に聞こえますが、適切な方法論を以ってすれば確実に実現可能です。このことは本書の中でも特に重要なセオリーの1つです。

モダナイゼーションに対する要求は大きく3つあります。

1. 日常のシステム運用に影響を与えずに移行を完成させること。
2. 出来上がったシステムが新しい情報技術で置き換わっていること。
3. レガシーシステムの良い部分は受け継がれること。

以上がビジネス面での要求です。これを受けて、システム面での最善の策は、どのようなものになるでしょうか。モダナイゼーションの手順について最適解を考えてみましょう。

図7-1 モダナイゼーションの手順

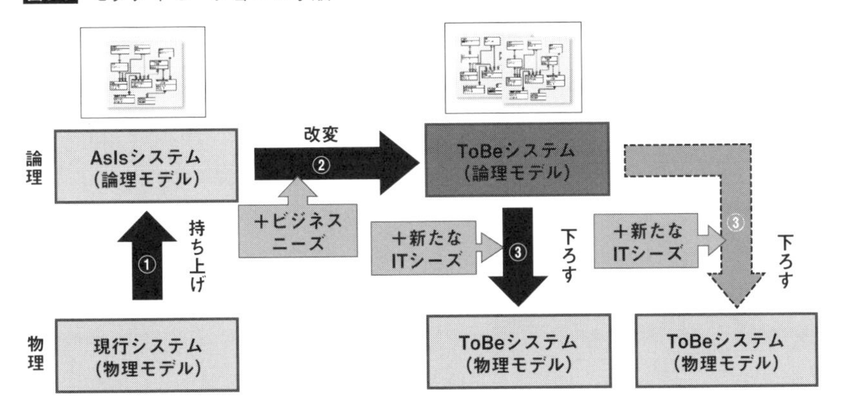

いちど論理に上げてからITを入れる

まずは、対象システムのToBe物理モデルを作ります。その勘所は「いったん論理モデルに持ち上げてから、物理モデルに下ろす」ことです。咀嚼すると、次のような具合になります。

① 最初に現行システムを論理レベルに持ち上げAsIs論理モデルを描く。

② ビジネスへの柔軟性を追求したToBe論理モデルに改変する。

③ 時代に相応しい新たなITを適用したToBe物理モデルに下ろす。

図7-1に一連の手順を示しました。論理モデルでAsIs⇒ToBeへの改変を行うのは、物理モデルでは各種制約に惑わされて、ビジネス面の目標から遠のく危険性があるからです。また、論理モデルをキープしておけば、その時々の最新技術を適用した物理モデルに適宜変換することも可能になります。

次に、ToBe物理モデルへ辿り着く(モダナイズする)方法ですが、これには用意周到な移行計画が必要です。システムが大規模なほど、開発長期化のリスクや移行時のリスク等 が膨らむので、段階的移行計画が推奨されます。この移行過程は、長時間の機能停止が許されない大都市の再開発に酷似しています。

そして、ここで活躍するのが後の章で登場する「データHUB」です。詳細は第8章から10章に譲りますが、ポイントはデータHUBを境にして両側のシステムを疎結合化することです。この疎結合化なくして段階的移行はあり得ません。この移行方式は、最終形に行き着く途中でシステムを稼働できることから、早い段階でビジネスのROIを期待できるメリットがあります。

最後に、長期間に渡るモダナイゼーションの道程で、様々な誘惑によって道を外れないために、最低限の運用ルールが必要となります。これは「アーキテクチャポリシー」に相当します。例えば、複数の開発プロジェクトが同時進行する中、共通マスタの利用ルールは、「エンド・ツー・エンドでのやり取りは禁止。必ずマスタHUBを経由せよ」となります。ちなみに、このルールに基づいて1本ずつHUB上にマスタを追加する作業は、日常の保守業務の延長線上で可能です。共通トランザクションのHUB経由も同様です。

モダナイゼーションにおいては、DAを堅持しつつ、TAには新しいものを積極的に取り入れて行くことが肝要です。

クラウド移行の優先順位

筆者の30数年の経験では、5年から6年に1回のサイクルでTAの新しいパラダイムが訪れています。直近では、何と言っても「クラウドコンピューティング」がそれに該当します。

クラウドはユーザ企業にとって朗報

「クラウド」は2006年、グーグル社のエリック・シュミットCEO（当時）の発言に端を発し、2008年頃にかけて普及しました。その決定的パラダイムチェンジを筆者が実感したのは、2010年ガートナー社シンポジウムでのグーグル社デーブ・ジルアード氏の

図7-2 2010.10.10 ガートナーシンポジウム Google Dave Girouard 講演より

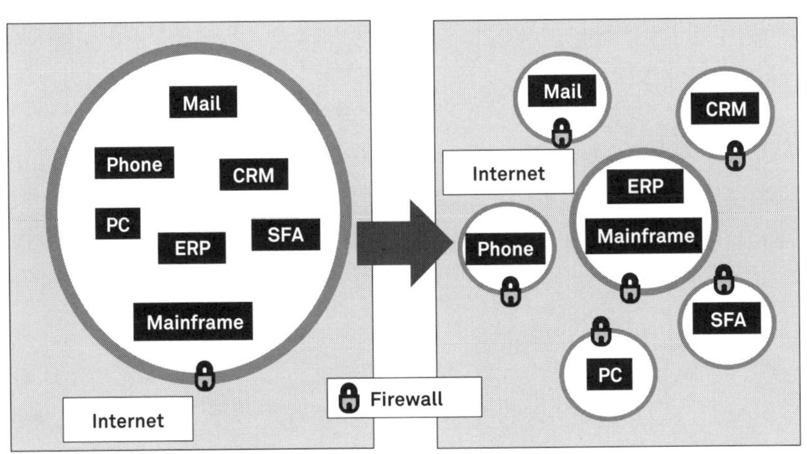

講演スライドでした（図7-2）。まさに、この図の左側は鎖国、右側は開国を物語っています。また、クラウド時代のセキュリティロックはノードごとなのが興味深いです。筆者はこの日を境に、「クラウドこそ、ユーザ企業の目指すネットワークアーキテクチャである」との確信を持つようになりました。

クラウドは企業活動に大きな変革をもたらすパワーを秘めています。情報システム部門はこれを積極的に取り入れ、自社のROI向上にぜひとも活かしたいと考えるのが自然です。ユーザ企業にとっては、1990年代にオープン環境にシフトして以来、長年悩まされてきたインフラ管理から手離れできるチャンスです。しかも、相当のコストダウンも見込めそうです。

…がしかし、過去10数年にわたって導入し続けたオープン系サーバは膨大な数で、いったいどこから、どう手を着けてよいものか悩ましいのも事実。漠然としたセキュリティ不安も拭えません。またしても現実の壁が立ちはだかります。

でも、ここで諦めてはいけません。一気に数百台のサーバをクラウドに移行するのは大変ですが、ステップ・バイ・ステップで、それぞれの更新タイミングに合わせて、やりやすいものから実施すればよいのです。セキュリティ技術も、時代と共に進化こそすれど後退はしないハズです。

段階的モダナイゼーションの考え方で

ここでも段階的モダナイゼーションの考え方が重要となります。優先順はおおよそ以下のようになります（ここではプライベートクラウドは対象外とします）。

① インターネット共通認証サービスの加入（台数が少ないうちは必須ではありません）
② オンプレミスにある各種OA系サービス（メール、予定表、ファイルサーバ等）
③ 外勤者が利用する営業支援（SFA）系のアプリ
④ 生産管理、原価計算など他システムとのやりとりが比較的少ないアプリ
⑤ その他アプリケーションサーバ

ここでの優先順の決定要因は、他システムとのインタフェースの数の少なさです。数が多いと、オンプレミスとの間で、サイロ化を防ぐためのインタフェースをたくさん構築しなければならないからです。セキュリティポリシーも要因の1つにはなりますが、確固たる根拠のない理由は説得性に欠けます。昨今ではSAPのAWS（Amazon Web Service）版

がリリースされるなど、基幹系アプリも聖域ではありません(この事実は、先ほどのデーブ・ジルアード氏の予測をも上回っています)。

別の観点でクラウド化の優先順が高いのは、社外から利用するアプリケーションです。インターネット環境下にあるPCやスマートデバイスから、厳重にロックされたイントラネット上のサーバにアクセスするのは、あまりにも操作性が悪すぎます。

では、前節で述べた段階的モダナイゼーションを実施するにあたって、ネットワークアーキテクチャにはどのような変更が必要でしょうか。ジルアード氏のスライドに立ち戻れば、答えは一目瞭然です。アプリケーションサーバが公道(インターネット)に出て行くと同時に、社内ユーザも公道に出ていくことになるのです。そのためのソリューションは、図7-3の如く、拠点オフィスから公道へ出て行くルートを(簡易ファイアウオールと共に)作るというものです。

このような周到な計画を以ってすれば、Think big, start small.な(第2章2.5節参照)、緩やかな移行を、最小限のリスクで実行できます。但し、計画通りに移行を達成するには、インフラ担当社員のモチベーションにも気を配る必要があります。なぜなら彼らは、クラウド化によって自分の職域を失うのではないかという危惧を抱くからです。マネジャーは彼らの行き先の大半をアプリケーション担当へ、少数はクラウド管理へと予め決めておき、一人ずつ十分な説明をしておくべきです。「イノベーション、抵抗勢力、身内にあり」を肝に銘じなければなりません。

図7-3 クラウドとオンプレのハイブリッド環境で順次クラウドへ

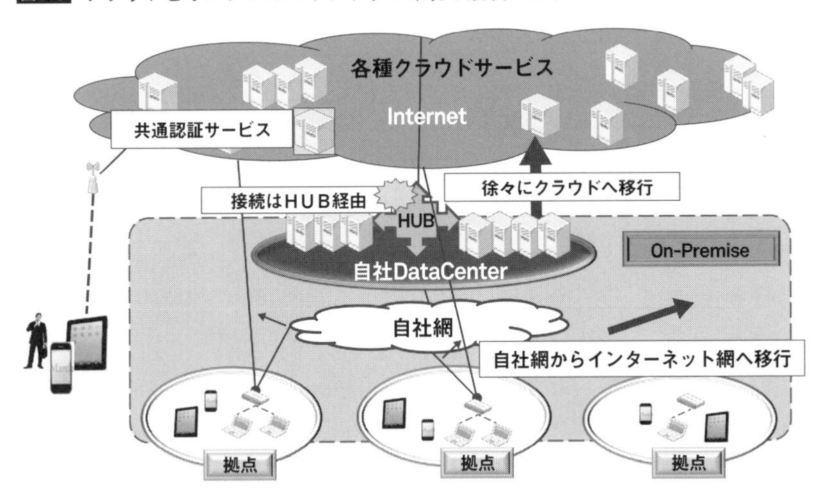

イノベーションには潮時が

歴史を振り返ると、企業活動におけるITの役割は少なからず変化を遂げています。その変化は新たな情報技術（IT）の登場から数年のタイムラグを経て必ず到来し、あらゆる側面でビジネス活動のケーパビリティを高めてきました。図7-4に過去30年のIT技術の変遷と、それがビジネスにもたらした影響を、大雑把にとまとめてみました。

潮目を読む役

ご覧のとおり、世の中全体で見ると10数年周期で、主流のプラットフォームや技術は入れ替わっています。その一方、古いものはかなりの年月残り続け、その上に新しいものが被って登場しています。皆さんの社内情報システムの場合はどうですか。「いったいどのタイミングで、新しいプラットフォームへの転換を図ればよいのか?」と悩ましくはないですか。

新たなIT活用の段階へと企業が転換するイノベーションには「潮時」がというものあります。それを見極めることが、ITアーキテチャを司る者の重要な役目です。もちろん、技術の本流と傍流の目利きも必要ですが、日本では幸か不幸か欧米の先例をウォッチできるので、比較的見当が付きやすいと言えます。しかし、それを「いつやるか?」のタイミングは誰も教えてくれません。日本特有の事情があるかもしれません。多くの場合、経営層の説得も容易ではありません。それでも、潮時を逃さないことは極めて大切です。

図7-4の「ビジネスへの影響」のところを見てください。過去の幾度かの大きなイノベーションを経て、今のビジネス環境に至っていることがよく解ります。つまり、未だ黎明期にある情報技術の今後の発展が明らかである以上、今後もイノベーションの潮目を適確に捉え続けていくことがIT組織のミッションなのです。

先日あるマスメディアのインタビューで、前職の現役システム部長が「社内情報システムにとって、変わらないことが最大のリスクです」と語っていました。まさにその通りです。したがって、あらゆる抵抗勢力と戦うことが当たり前なのです。抵抗勢力にはレガシーを生業としているITベンダや、レガシーを担当する社内情報システム部員まで含まれます。

10年に一度のチャンス

今、私たちは図7-4のDゾーン（2010年代）の終盤にいます。モバイル、クラウド、ビッグデータ、IoT、AIと、イノベーションの種は目白押しです。そしてこの波は間違いなく、1980年代後半に訪れたPC、LAN、C/Sをはじめとする分散コンピューティング以来のビッグウエーブです。ホストコンピュータ全盛期の1992年当時、向こう5年間の綿密なダウンサイジング計画を立案する1年間のプロジェクトを起こしたことを今振り返ると、「まさにその時が潮時だったのだ」と思います。当時30代半ばの私は、わくわくしてイノベーションの企画に取り組んだものです。

そして次なるイノベーションの潮時は、まさに今です。社内情報システム部門は抵抗勢力と戦って、新しいプラットフォームへの転換を果たし、今こそビジネスイノベーションに貢献するチャンスです。もしもこのタイミングを逃したら、ユーザ部門主導で無秩序な新技術導入がなされ、システム統制を損なう結果となるでしょう。そこにITベンダ

図7-4 IT技術の変遷とビジネスへの影響

	年代	ビジネスへの影響	プラットフォーム（主流）	新技術（市販）
A	1980年代	情報処理の自動化によるコストダウン（人員減）	メインフレーム，ミニコン，オフコン，RDB, OLTP, PC, LAN	
B	1990年代	情報の再利用による企業活動のスピードアップ	UNIXサーバ，PC/Windows	IPネットワーク，C/S, DWH
C	2000年代	情報の質を高め経営におけるガバナンスを支援	PC/Windows，（ERPアプリ）	インターネット，Web, BI
D	**2010年代**	**事業の競争力を支援しビジネスのROIに貢献**	**スマートデバイス，モバイル**	**クラウド，IoT, BIGデータ**

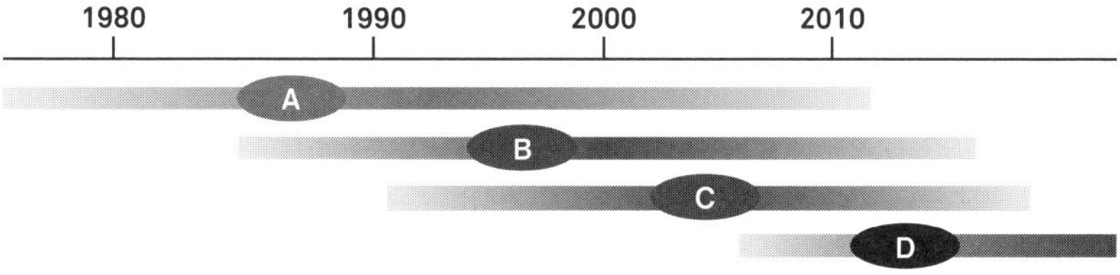

1980 1990 2000 2010
A
B
C
D

の販売攻勢が拍車をかけるのは間違いありません。情報システム部門はシステム化企画のリーダーシップを取り戻すとともに、これを契機に、守り一辺倒から攻めのIT戦略へとシフトしましょう。

第8章

エンタープライズ データHUB

本章では、前章までで説明してきた企業システムのアーキテクチャ（EA）のあるべき姿を実現するための具体的解決策（ソリューション）を紹介します。数ある疎結合アーキテクチャ実現手段の中で、筆者が最も推奨するのがデータ中心のコンセプトに基づいた「エンタープライズデータHUB」です。本ソリューションは、筆者が前職時代、自社の基幹系システムに適用して大きな成果をもたらした実績ある解決策です。未だ密結合状態にあり、多くの問題を抱える大企業の基幹系システムを、最小リスクで着実に疎結合へ転換してゆくには、このソリューションの右に出るものはないと言っても過言ではありません。

データHUBの基本的機能

近年、EAにおけるDAの課題の1つとして、データモデルの良否ではなく、「物理DBの配置とデータ連携のデザインをどうしたらよいか？」という問題が指摘されています。そしてこの課題は、DAだけでなしに、AAにも深く関係します。本章ではこの問いに対する究極のソリューション、すなわち、データHUBアーキテクチャのメカニズムとその役割をご紹介します。

このアーキテクチャは、筆者が約30年間にわたり、徹頭徹尾ユーザ企業の立場にこだわりつつ、自社システムのあるべき姿を求め続けた結果、ついに見出したものです。本書の主題であり、規模拡大を続ける企業システムを疎結合[1]アーキテクチャに転換するための要(かなめ)になると、自信をもって断言します。

HUBにすることの原理的メリット

このアーキテクチャの基本構造と、本質的なメリットを先に説明します。図8-1を見てください。

図の例では、アプリAからFまでの6つのシステムの間で、何らかのデータのやりとりが発生するとしましょう。インタフェース(以下I/Fと略)のルート数は、図の左側のように、最大で組み合わせ合計の15通りになります。一方、右側のHUB経由の場合には、ルート数はアプリの数と同じ6通りで済みます。

理論上、ピア・ツー・ピア(1対1)の接続では、HUB経由の2.5倍のルート管理が発生します。アプリの数が8個になれば28対8で3.5倍、10個になれば45対10で4.5倍

*1 疎結合：情報システムにおいて、2つのシステムが緩やかに結びついた状態。システム同士が標準的なインタフェースに基づいて接続されているため、他方に影響を与えることなく、一方だけを取り替え可能な状態を指す。反対語は「密結合」。

図8-1 ピア・ツー・ピア接続とHUBインタフェース

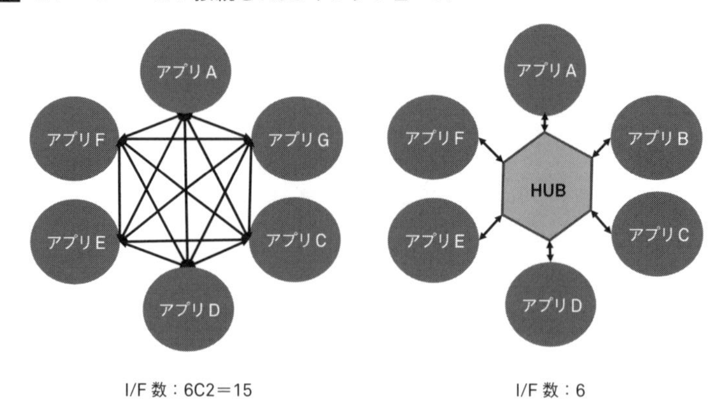

と、差が広がっていきます。言わずもがなですが、HUBを経由させずに都度都度連携させていくと、いわゆるスパゲティ化の元凶となります。

I/Fの標準化、レコードの汎化

それでは、このHUB経由が成り立つための条件を考えてみましょう。第1に、図8-2のように、HUB上のI/Fレコードがアプリ非依存であり、中立な標準形式でなければなりません。図8-2ではこの標準形式に歩み寄るために、HUBの両側に、さながらショックアブソーバの如き変換機能 が付帯しています。データ変換の対象にはコードやフォーマット等があり、それらは他の類似したI/Fでも再利用可能です。システムのいたる所に同類の変換プロセスを作成し、徒にコード量を増やすことは、エンタープライズ全体でのメンテナンスビリティの悪化をもたらします。それをデータHUBは阻止することができます。

次に見るべきは、このHUB内のI/Fレコードの種類です。レコードの汎化度合いがポイントとなります。通常、マスタレコードの場合には、エンティティ（取引先、商品、組織など）ごとに個別になります。しかし、トランザクションレコードは、実績系ではかなりの汎化が可能です。SCMでの契約、受注、受払、会計での「仕訳」、人事での「異動」などがこれに該当します。また、計画系における各種の指図データも、類似したレコードは汎化できます。

さらにこのHUB連携には、実DBを介するものと、介さないものの2通りがあります。

図8-2 HUBの種類と蓄積形態

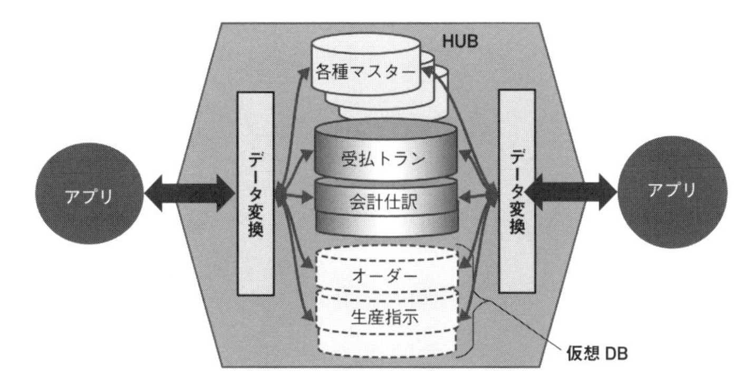

前者はDBへの書き込みとDBからの読み出しを非同期にする、いわゆる「データベースHUB」です。後者はいわば仮想データベースHUBであり、実DBへの読み書きがない分、即時性の高いI/Fとなります。

以上が、HUBアーキテクチャのメリットと、基本的メカニズムの概要です。物理的には目に見えないITアーキテクチャも、このように図に表現してみると、デザインは一目瞭然です。

ITアーキテクチャは、シンプルかつシンメトリー（左右対称）で、バランスのとれたものが良いというセオリーがあります。逆に、図やモデルに表わそうとしても、条件分岐や例外が多く歪（いびつ）な形になってしまう場合、そのアーキテクチャは避けた方が良いというのが、もうひとつのセオリーです。

8.2

Theory of IT-Architecture

データHUBの最終進化形

データHUBには前節のような基本的機能があります。筆者の所属企業では、このアーキテクチャをさらに大規模エンタープライズシステムに適合させる必要がありました。そのときに必要となったのがリポジトリ（詳細は12章）です。

メタデータ定義をI/F処理記述で共有

データHUB本来のメリットは、全社に散在する類似のI/Fを集約し、システム全体の保守性を高めることにあります。このとき、アプリからHUBを介して集配信されるデータやレコードのフォーマット、IN⇒HUB⇒OUTのデータマッピング仕様は、果たしてHUB内のI/F処理記述にハードコーディングするのでしょうか？

図8-3 データHUBの基本的構造＋α

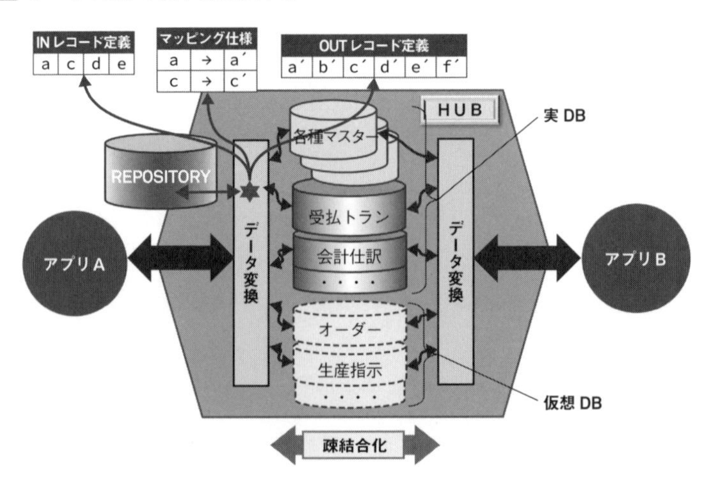

答えは「否」です。そうではなく、レコードやマッピング処理のメタデータ定義をリポジトリデータベースに格納し、それをI/F処理で参照します。そうすることで、処理記述の汎用化と、システムの柔軟性を確保したいからです。ここまでやれば、大規模システムにも耐えられるものになると同時に、エンタープライズデータHUBを「パッケージシステム化」することも可能になると考えました。2000年頃のことです。

こうしてデータHUBは、単に複雑なデータ連携を束ねる交差点整理に、DB蓄積機能を加えることで、共有データの再利用を可能にしました。さらにリポジトリで定義情報を共有化することで、汎用I/Fシステムへと進化したわけです。さながら、ネットワーク機器のノンインテリハブがインテリジェントハブへ進化したように、です。

ビジネスモデルとIT実装をつなぐ回廊

さて、このIT化の実現を目的としたHUB上のリポジトリを、現実のビジネスシーンに向かって遡ると、源流にある当該企業のビジネスルールに辿り着きます。個々のデータの意味や形式（型、桁）、それに基づくレコードやファイルの定義といった情報資源の定義（メタデータ）がまさにそれです。

図8-4に、このIT⇔ビジネスの垂直なリポジトリ連携の様子を表わしてみました。併せて、メタデータの中身をイメージしていただくために、セントラルリポジトリを参照した画面例を図示してあります。

この図は理想的なメタデータ環境の姿です。水源には、どんなIT実装環境にも染まっていない、ビジネスモデルのみに準拠した「セントラルリポジトリ」が据えられています。ここで一元管理されたメタデータを起点にして、1つはモデリングツール内のリポジトリを経由して、実DBテーブルの定義へと繋がっていきます。もう1つは、上述したデータHUB上のリポジトリのメタデータ定義へとつながっていきます。

図のサンプル画面は、セントラルリポジトリ内に格納された「会社マスタ」の例です。エンドユーザでも容易に読める自然言語で記述された説明文と、桁数等のシステム上での扱いが記述されています。このようなビジネス寄りのリポジトリが、今後ますます必要不可欠になることは間違いありません。ビッグデータ時代にあって、非IT部門のユーザが情報資源にアクセスするために、無くてはならないからです。

ビジネスとITの両リポジトリの関係は、論理⇔物理の1:Nの関係に立ちます。IT実装のいたるところで同じメタデータが引用されても、その原始的な意味は普遍性を保ち

図8-4 2つのリポジトリ

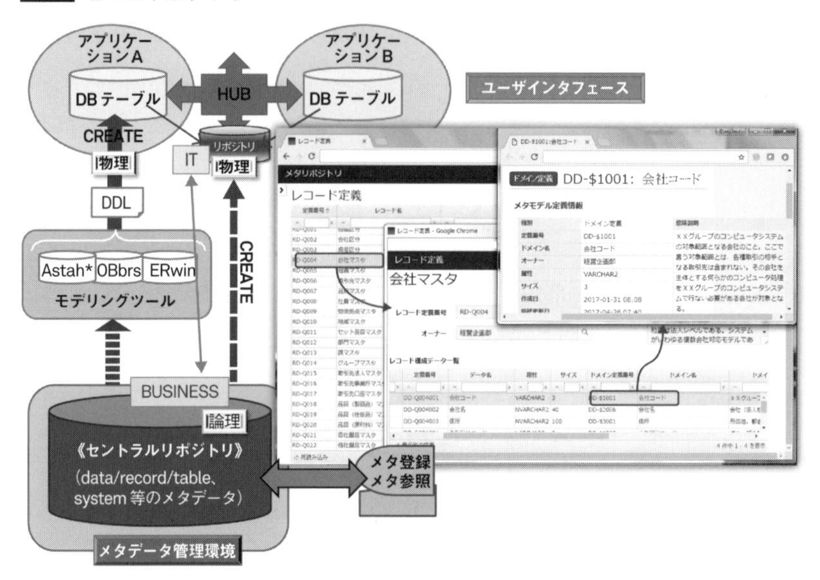

続けます。長持ちするITアーキテクチャにとって大切なことは、論理と物理の切り分けです。具体的アプリケーション、具体的HUB製品に依存しない、実装非依存のセントラルリポジトリは、将来にわたり、企業にとって絶大な価値のある資産となります。

「共有化」と「横展開」の大きな違い

エンタープライズデータHUBは、単に複数システム間のデータコネクタの役割を果たすものではありません。このことは基本構造からも想像できると思います。中心には標準化されたデータベースを抱えており、それをエンタープライズで共有することから、「全社の情報基盤」の役割を担うのです。

エンタープライズレベルでのシステム部品には、データやプロセスがあります。本節では少しだけ視点を変えて、これらを共有するためのセオリーについて、HUBアーキテクチャと、1つのアンチパターンとを対比させてみたいと思います。

「何を今さら！」と思う読者も少なくないでしょう。しかし、企業の規模が大きいほど、実装環境において共通部品の一元管理・共有化をきちんと実施している会社は少ないのが現実です。そのことがシステムの生産性や保守性を妨げ、行き着くところITコストに多大な影響を与えています。

共通部品の共有を妨げる元凶

上述のとおり、共通部品にはデータとプロセスがあります。前者には複数システム間で共有すべきマスタやトランザクションデータが該当します。後者には複数システム間での共有を可能にした処理コンポーネントが該当します。まずは、これらの部品の共有化ができていない典型例を挙げて、その真因を探るとともに、あるべき姿を考えてみましょう。

皆さんは、部品化アプローチを妨げる元凶は何だと思いますか？ 筆者の経験からは明白です。不幸にも、ソフトウェアの最もパワフルな機能であるCOPY（複写）こそが主因なのです。ひとたび“コピペ”された部品は、その瞬間からひとり歩きを始め、もはや誰にも一元管理は不可能になります。

アプリケーションの緊急保守の場面で、共通データやコンポーネントを利用せずに、ついそれをやってしまったことを後悔するのは、まだ可愛いものです。企業システムにおける大規模なコピー＆ペーストの最たるものが、いわゆる「システム横展開」のアプローチです。

通常、横展開が採用されるのは、ビジネスモデルの類似性の高い複数の事業拠点や、グループ企業への順次展開などでしょう。この取り組みは、2番目、3番目の類似システムの早期立上げだけを考え、将来の保守性には目を瞑ることを意味します。システムの部品化の観点からみると、最も罪深き方策と言えます。

図8-5には「横展開が亜種[2]を生み出す過程」を示してみました。データにおいてもプロセスにおいても、丸ごとシステムをコピーした後で、差分の追加修正が施される格好です。図の上部を矢印(→)に沿って見て行くと、横展開の回を重ねるうちに、複数システムの和集合となったデータ環境は、最初の雛形から順に変異した亜種となっていく様が見えます。単純コピーではなく、あたかも展開の都度、水増しされるバケツリレーの如き様相です。

次に、図の下部を矢印(→)に沿って見て行きましょう。雛形となるAシステムのプロセス群が、横展開を重ねるごとに、複数システムのプロセス要素を盛り込んだ和集合として、徐々に肥大化して行く様が見えます。それはあたかも、横展開の過

図8-5 横展開(Copy&Paste)が“亜種”を生み出すイメージ

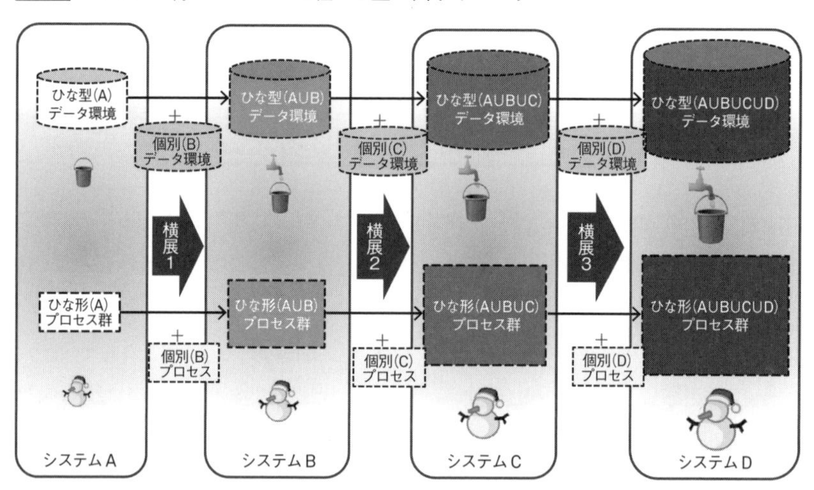

*2 亜種：生物分類学上の単位の1つ。種の下にランクされる区分。種とするほどに違わないが、微妙に異なる特徴を持つ。

程で、転がる雪ダルマが徐々に大きくなる様相です。データ、プロセスのいずれも、複数システム間での共通／個別の区別が明確でないので、展開後の「全部保守」は困難を極めること必定です。

「共通」か「個別」かの峻別

なぜ、このような結末となったのでしょうか？ 真因は何だったのでしょうか？ 確かに10数年前までは、ネットワーク環境もサーバ機をはじめとするハードウェア環境も能力が低く、ハードウェアを現地に分散設置せざるをえない状況でした。しかし2005年頃を境に、ネットワークもハードウェアも相当の進化を遂げ、ソフトウェア環境はシングルインスタンス[3]を追求できるレベルになってきました。

それにもかかわらず、なぜ安易な横展開に向かってしまったのでしょうか…。「横展開で最も潤うのは誰か？」を考えれば、直接の原因は明らかです。しかし、ITベンダがコードの量やハードウェアの台数に応じて収益を上げるビジネスモデルであることを知っていながら、開発のみならず設計までをベンダに丸投げした私たちユーザ企業側も責任を免れないでしょう。

今後、このような過ちを繰り返さないために、ユーザ企業はどのようなアプローチを採るべきでしょうか。設計時のベンダ丸投げ体制は直ちに正すとして、何を最初に手掛ければよいでしょうか？ それは全社（全グループ）を対象とした「アーキテクチャを描くこと」にほかなりません。描き方のお作法はコンサルやベンダの指導に頼っても構いませんが、あくまでも自社で描画することが大事です。

図8-6は「ソフトウェア共有化のあるべき姿」のイメージです。この図の示すとおり、ソフトウェアアーキテクチャ設計の勘所は「共通のものは一元管理して共有すること」です。さらに付け加えるなら、疎結合化を意識して、「リアルタイム性を問わないデータには、Read-Onlyのレプリカを許容する」ことです。そして、この図ではDAとAAについて記載したわけですが、BA（ビジネスアーキテクチャ）おける組織間重複機能の排除や、TAにおける（バックアップを除く）実装環境の重複排除も同様です。

アーキテクチャ設計は、あくまでも図表現によるモデル化であり、実際のソフトウェア

---

*3 シングルインスタンス：グローバル、リージョン、グループ等に属する複数の事業体で、単一のデータベースセットやERPシステムを利用する形態を指す。

図8-6 ソフトウェア共有化のあるべき姿（共通／個別の配置）

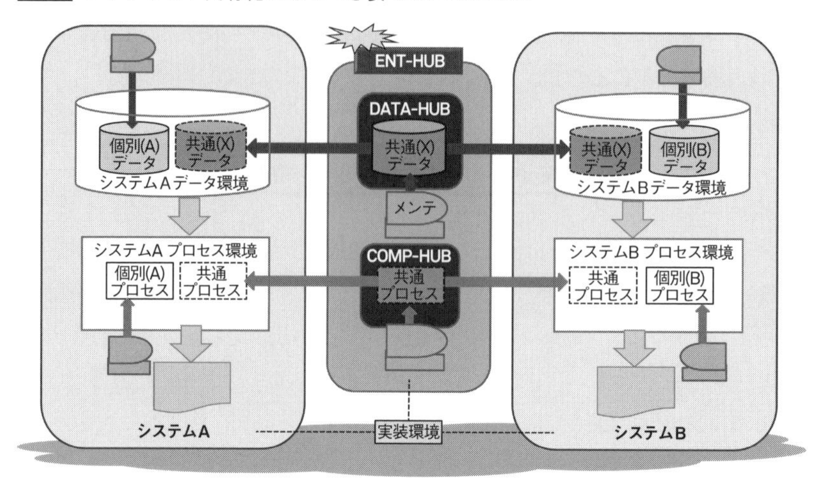

制作まではしなくてよいのです。アーキテクチャのスケッチが描かれていれば、システム構築の中でベンダに任せてよい部分も多くなります。「共通か個別か」の識別が決まっていれば、順繰りに巡って来るシステム開発案件のうち、少なくとも個別部分はベンダに任せてよいことになります。自社の工数を最小化しながらも勘所を外さないためには、こうしたメリハリが肝心です。

データHUBで臨む グローバル対応

近年、ほとんどの経営者が「グローバル化」を口にするようになりました。必然的に、ITシステムのグローバル対応も取り沙汰されています。ITベンダはここぞとばかりに、「欧米製のERPに統一しましょう！」というプロモーションを仕掛けてきますが、「何か変では？」と、ITを外して考えてみると不自然さが見えてきます。

真意は「多様性の許容」

グローバル化とは、世界を一色に塗りつぶすことでしょうか。そうではなく、国や民族のカルチャーを互いに認めながらも、不要な垣根を取り払うこと。むしろ、ダイバーシティ（多様な在り方）を追求することが本来ではないでしょうか。そこに必要なのは「相互接続性」であり、「統一」ではありません。

そう考えたとき、グローバル対応にはどのようなシステムが適しているでしょうか。上述の同一ERPによるビジネスプロセスの（強制的な）統一が、カルチャーの異なる国々で果たして有効に機能するでしょうか。IFRSによる会計統合さえ未だ途上にある状況で、単一ERPへの統合は、単なるブランドの統一に終わってしまわないでしょうか。

少なくとも、販売・物流といったマーケット主導のビジネス領域では、国や地域のカルチャーに根差した業務のスタイルがあります。それに適合すべく、アドオン開発やカスタマイズが発生するのが常です。

その一方、データに着目してみると、どうでしょうか。動的な業務プロセス（仕事のやり方）に比べて、静的なデータの普遍性は、はるかに安定感があります。国やカルチャーが異なっても、相互利用できる可能性は高いと言えます。但し利用に際しては、「意味」が同じでも「形式」の変換が必要となるケースが少なくありません。

図8-7 グローバルデータHUB

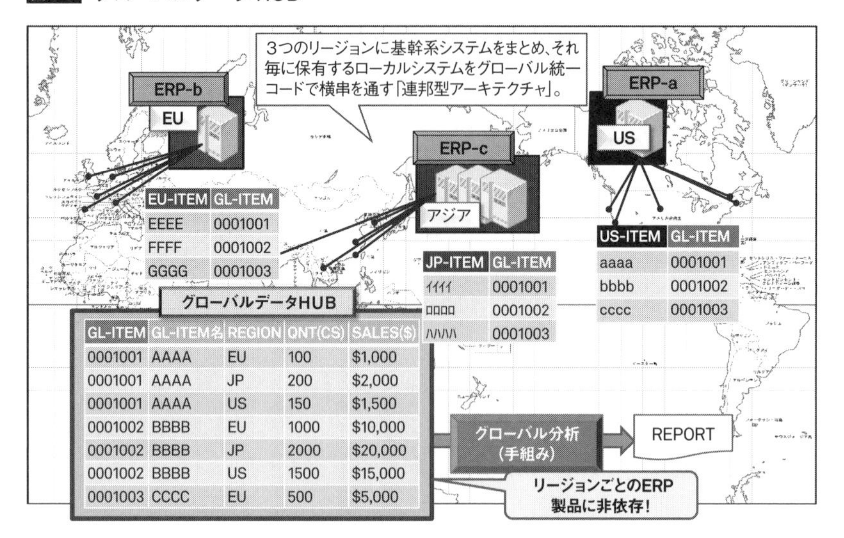

データHUBを据えたグローバル対応の実例

図8-7は、筆者がデータHUBを用いて、自社のグローバル対応をモデル化したときの例です。リージョンごとに異なるアイテムコードを、グローバルHUB上でローカル⇔グローバル変換し、全世界での売上をアイテムごとに串刺しにするという単純な例です。問題は、この変換を煩わしいと思うか、ありがたい自動翻訳機と思うかです。私はこのコンバータが、疎結合エンタープライズ・アーキテクチャにおける重要な役割のひとつ、ショックアブソーバ（緩衝機構）の役割を担うと思っています。

読者の皆さんは、「その程度の仕組みは誰でも考えることじゃないの？」と思うかもしれません。しかし現在、世界中の拠点のERPを「統一する」ことを考えている日本企業は、決して少なくありません。

システムのアーキテクチャは、自社の業種や経営戦略に基づいて自由に決めることができます。ガチガチの中央集権型と、柔らかなコラボレーション型のどちらを選ぶかは企業の勝手です。ですので、ERPで世界中のプロセス統一を図ることは否定しません。しかし、そのために何年もの歳月と多額の費用を投入することは、「ROIに貢献すべき情報システム」にとって、いささかアジリティに欠けると思います。まずは身近なデータとニーズに基づいて、「小さなグローバルシステム」をアジャイルに作ってみることをお勧めします。それだけで他国の色んなことが見えてくるものです。

かつて筆者は、5カ国6拠点の現地を訪問してVPN接続を行い、各国のERPシステムとのコードコンバータを設計しました。その経験が上記アーキテクチャのヒントになりました。VPN接続と並行して、現地のベンダにグローバルコードの仕様を伝えただけで、わずか3カ月で全ての拠点のコンバータが出来上がりました。そのときの、何か本質に触れたような手応えは、深く記憶に刻まれました。

繰り返しになりますが、ERPシステムであれ業務プロセスであれ、世界統一を求めるのはITベンダです。ユーザ企業にはグローバル統一を志向すべき理由がありません。道具を統一することと、グローバル対応とは、全然別の話です。仮にエンドユーザや経営層がそこを錯覚したとしても、情報システム部門は慧眼でいなくてはなりません。

Theory of IT-Architecture

データHUBで乗り切ったM&A体験

リーマンショック以降でしょうか、企業間のM＆A（合併・買収）が再び活況を呈しています。M＆Aにシステムが直面したときにも、エンタープライズデータHUBは活躍します。第4章の5節（M&AにおけるEA活用の実例）では、「M&A対応には、両社システムのデータモデルありきで臨むべし」というセオリーを述べました。本節ではさらに踏み込んで、両社のシステムを結合するポイントに「データHUB」を用いる手法を、具体的に説明します。

ここまでの説明では、大規模な企業システムにおける複数システム間のインタフェースとして、データHUBが有効機能することを論じてきました。M&Aに伴うシステム統合は、歴史も文化も違う究極の異種システム間インタフェースが必要となるイベントです。M&A時の一般的セオリーは、「ビジネス統合スキームに従ったシステムの片寄せ」ですが、その説明は省略することにして、大規模システムを段階的に統合していく際に必須となる「ブリッジ」に焦点を当ててみます。

マスタHUBとTR-HUBによる段階的橋渡し

図8-8は、M&AにおいてデータHUBを利用したときの、データの流れを表わしています。A社のシステムへB社のシステムを統合するためにブリッジングする例であり、マスタデータHUB（マスタHUB）と、トランザクションデータHUB（TR-HUB）の2つが活躍します。以下、データ 統合プロセスの順を追ってみましょう。

（1）B社の共通マスタ（取引先、組織、製品など）をA社に取り込み、A社の共通マスタと統合して、新社用共通マスタ（ゴールデンレコード）を生成します。「取引先」情報に関しては、両者のプロファイリングを実施した上で、いわゆる「名寄せ」を行います。名寄せの結果は、コード変換テーブルに「B社コード⇔A社（新社）コード」の対応

図8-8 M&A時のデータHUB利用 ＜B社をA社に統合のケース＞

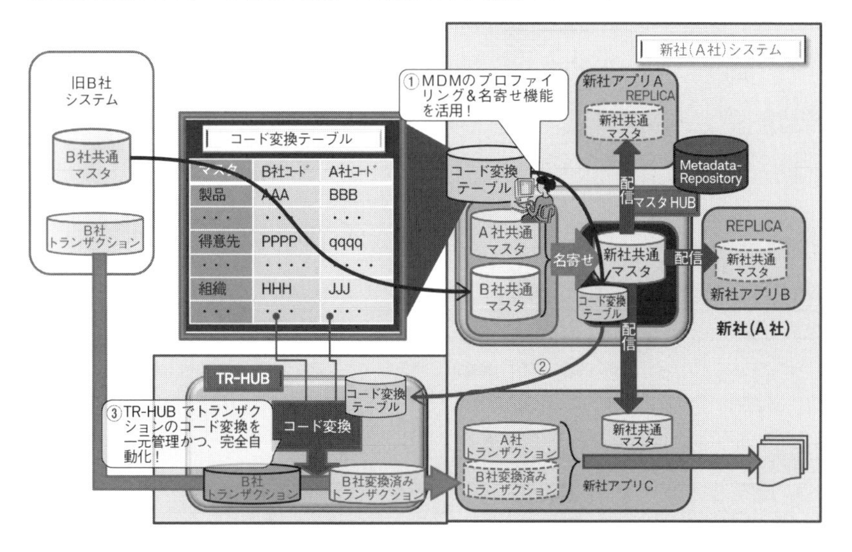

関係が登録されます。組織コード、製品コードについても同様に、B社コード⇔A社（新社）コードの対応関係が登録されます。なお、図でA社コード体系を新社コード体系と記したのは、新社の資本の過半数をA社が保有するからです。

(2) コード統合された各種のマスタに加えて、当コード変換テーブルも、重要なゴールデンレコード群の一画を占めることになります。一元管理されたコード変換テーブルは、TR-HUB上のコード変換プロセスでも利用されます。なお、トランザクションのコード変換については、このTR-HUB内で一元的に実施することが好ましいので、このコード変換テーブルを多方面へ配信するようなことは、あまり行いません。

(3) B社システムから取り込んだB社トランザクションに対し、マスタHUBから配信されたコード変換テーブルをもとに、各種のコード変換（取引先、組織、製品など）を施します。コード変換された共通トランザクションは、各種の業務アプリケーションに配信され利用されます。また汎化され統合された共通トランザクションは、テンポラリとする（テンポラリテーブルに格納する）場合と、履歴を保持したDWH（データウェアハウス）とする場合の、両方の形態が考えられます。

3ステップを踏んでシステムを統合

以上がブリッジのメカニズムです。この機能が構築できていれば、あとはビジネス上の統合スキームに合わせて、順次、システムを統合していけばよいわけです。以下に、3段階のステップを経て統合を完成させる例を示します。

表8-1

DAY1.（新社開始〜初年度）

統合スキーム	統合するシステム	ブリッジング
バックオフィス統合	会計システム、債権管理システム	組織コード、取引先コード、製品コード

DAY2.（2年目〜1年間）

統合スキーム	システム統合	ブリッジング
フロントオフィス統合	受発注システム、営業支援システム	組織コード、製品コード、（取引先コードのブリッジ廃止）

DAY3.（3年目〜）

統合スキーム	システム統合	ブリッジング
人事制度統合、生産拠点統合	人事システム、生産管理システム	（組織コードのブリッジ廃止）、（製品コードのブリッジ廃止）

M&Aで最も重要なことは、まずDAY1の納期どおりにミニマムのシステム統合を完成させ、新社としての安定したスタートを切ることです。いくつかのAB両社のフロント系システムが併設状態になっても差支えありません。DAY2、DAY3へと、ビジネス統合スキームに合わせてシステム統合が進むとともに、ブリッジが取り外されていきます。

綿密な計画をもって臨めば、M&Aのシステム統合も恐れるに足らずです。DAY1でAB両社共通の取引先との約定を統一したり、DAY3での人事制度を統合したりといった人間系の作業の方がよっぽど大変です。そうした現場の努力を、速やかにシステム統合に落とし込むことが情シス部門の役割です。そのため、細部においては時々刻々と変化するビジネススキームに対して敏感であらねばなりません。M&A時のCIOは、平常時よりもいっそうCEOとのコミュニケーションを密にする必要があります。

以上がM&AにおけるエンタープライズデータHUBの活用です。データHUBの疎結合インタフェースが、ビッグバン移行の難しいシステム統合において、緩やかな順次統合を可能とします。その効果という点では、究極の適用例と言えるでしょう。

第9章

マスタデータHUB

前章で紹介した疎結合アーキテクチャを実現するデータHUBの中にあって、中心的役割を果たすのが「マスタデータHUB」です。このマスタデータHUBは、企業システム全域のデータガバナンスを維持し続けるための心臓部であり、この環境整備を抜きに企業システムの行く末を語ることはできません。本章ではこのマスタデータHUB全体のシステム環境をはじめ、HUBが抱えるマスタエンティティのあるべきデザインを詳しく説明します。

9.1 Theory of IT-Architecture

HUB型で構築するMDM環境

マスタデータはあらゆるビジネスシステムの要(かなめ)です。DB設計の基本セオリーである「One Fact in one Place」といった技術的観点はもとよりですが、EAの下で全社システム構造を考える際にも、中核となる最重要パーツです。

元来、形のない企業システムを、仮に何かの物体に喩えて形を描いたとしても、世界中に同じものは2つと存在しません。その独自性・一回性を根元で支えているのが、マスタの「エンティティタイプ」(クラス)です。エンティティタイプはビジネスモデルそのものを表します。エンティティ属性の"XX区分"や"XX分類"は、ビジネスルールの1つ1つを表しています。

システム間におけるマスタの一貫性維持

社内の各種マスタデータは、その共用度合いに応じて、①個別システム内に閉じたレベル(R1)、②システム間をまたがるレベル(R2)、③企業間をまたがるレベル(R3)の3つに大別できます。そして、単独企業のEA構築においては、R2にあるマスタの一貫性維持が重要となります(R3の説明はここでは省略します)。R2に該当するのは、取引先、製商品、自社組織といった、取引に必要な基本情報が挙げられます(自社組織と取引先を汎化して"組織"とするケースもあります)。

これらの基本情報が、異なるシステム間で不一致を起こしていては、各々のアウトプットに品質問題が生じます。ですので、どのシステムに対しても、同一の精度と鮮度が保証されたマスタデータを送り届ける必要があります。このマスタデータを送り届けるいわば"心臓"の役割を果たすものこそ、マスタデータHUB(以下マスタHUB)にほかなりません(図9-1参照)。

マスタHUBは最新のマスタDBの正本を保有し、そこから新鮮なマスタデータを各

図9-1 MDM環境

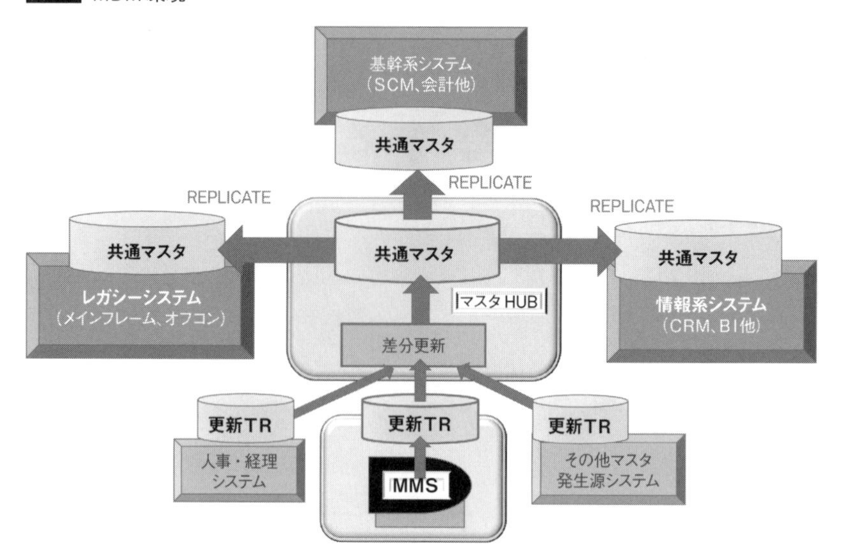

種のシステムに送り出すポンプとなります。ターゲットシステムに対する同期方法は、DBMSのレプリケーション機能を用いる密結合と、変更差分を転送先で更新する疎結合の2通りがあります。

心臓は血液を作らない

マスタデータの発生源は、マスタHUBとは別の場所にあります(心臓は血液を作りません)。MMS(Master Maintenance System:図9-1下部)での画面入力、もしくは、当該マスタを最初に利用する業務アプリケーションが発生源となります。人事システムなら従業員マスタ、経理システムなら勘定科目マスタ等が該当します。また、メーカの製品マスタのように、製造・在庫・販売へと組織横断で属性が決定するマスタの場合は、アプリケーション非依存で、独立したワークフロー付きのMMSとなることもあります。

MDM(Master Data Management)環境の概要は図9-1のとおりですが、ここに示したのは「狭義のMDM」と言えます。広義のMDMは、データスチュワードが行うデータクレンジングや、社内オーソライズといった人間系も含むデータ管理業務全体を指しますが、ここでは割愛します。

マスタの整理・移行については、どれか1つのマスタから、スモールスタートで臨むことがセオリーです。マスタHUBのメカニズムは、さして難しいものではありませんから、自社開発も可能です。むしろ、共通マスタのモデリングや、データの意味のオーソライズの方が難易度は高いと言えます。とはいえ、ブラックボックス化したシステムの可視化は、避けては通れません。地道に根気よくやるしかないのです。

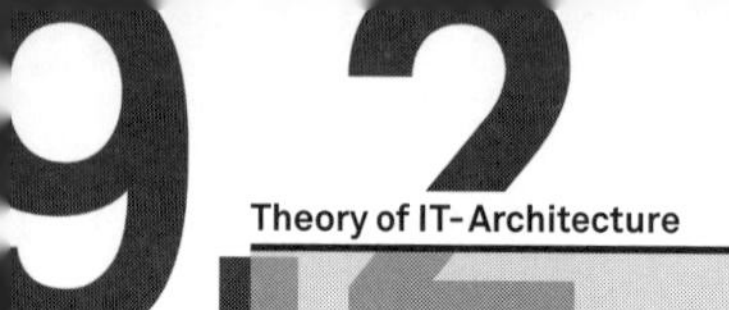

ゴールデンレコードの品質条件

本節ではMDM（マスタデータ管理）の世界における「ゴールデンレコード」について説明します。直訳すれば「黄金のような（価値ある）行」となりますが、その正体はいったいどういうものでしょうか？

マスタHUBとなれるレコード

MDM環境の下では、中央に位置するマスタHUBに格納された唯一の「正本マスタ」から、複数の個別アプリケーションへデータが同期されることで、マスタデータの一貫性が保持されます。この正本こそ、ゴールデンレコードそのものであり、全社システムにおける情報の鮮度と精度を保つ源（みなもと）となります。つまりゴールデンレコードの条件は、全社システムへブロードキャストされても問題ないデータ品質にあります。この品質は、「レコードが必要十分なデータ項目を保有しているか」というメタデータ的観点と、「各データ項目の値が正しいかどうか」というインスタンス的観点からの、両方を満たさなければなりません。これが「ゴールデンレコードのセオリー」です。

このゴールデンレコードのそもそもの成り立ちはどのようなものか、考えてみましょう。図9-2は、ゴールデンレコードの生成過程を表しています。この中でデータの発生元は、当該マスタを最初に利用する業務アプリケーション、もしくは、エントリー画面から直接生成されています。今回はこの生成過程に沿って、上記の2つの観点からデータ品質について考えてみましょう。

メタデータ的観点での品質保証

まずはメタデータ的観点です。個別業務プリケーションが発生元の場合、最初に生じ

図9-2 ゴールデンレコード生成過程の概要

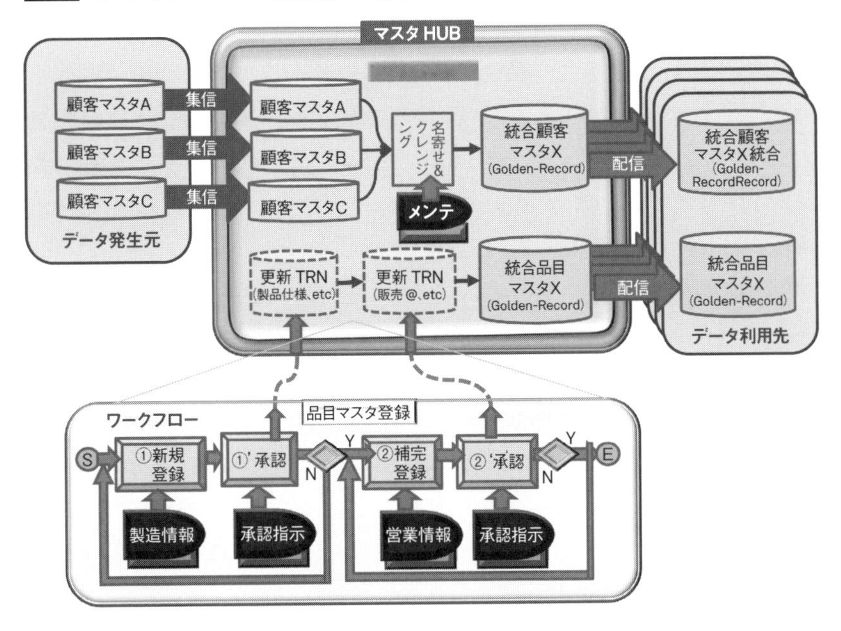

る疑問は、「個別業務の世界で発生したマスタデータが、果たして全社アプリケーションに適用できるだろうか？」という問いです。答えは「そのまま全社版として通用するものと、そうでないものがある」です。前者には、会計システム発の勘定科目のように、企業の全社ルールとして確立しているものが該当します。

後者はどうでしょうか？ 品目マスタや取引先マスタの場合、業務領域ごとに異なる管理属性が存在します。例えば、受注システムにおける取引先マスタには、CRMシステムで必要な取引先区分は、差し当たり不要だったりします。言い換えると、全社版として通用するゴールデンレコードは、これら個別業務アプリ発の各マスタの「和集合」になります。

エントリー画面から直接生成されるケースはどうでしょうか？ 複数の業務領域にまたがるマスタには、異なるデータオーナーによる領域別の分散入力が求められます。通常は部門別の承認プロセスを伴うワークフローを介して、データが順次登録され、その結果ゴールデンレコードが完成するという手続きを踏みます。

インスタンス的観点での品質保証

視点を変えて、インスタンス的観点から品質を点検しましょう。この観点で正しいデータを不特定多数の社内システムに届けることは、メタデータ的観点以上に大切と言えます。にもかかわらず、この部分はほとんどの場合、人手に頼っており、しかも属人性が高いという実態があります。欧米のデータスチュワードのような、オーソライズされた職種も未だ国内では見かけません。

体制面の課題はさておき、個々のデータ項目の値の正しさについては、初期のデータエントリ時点でのチェックや承認作業によって、品質を高めることができます。しかし、レコード1件1件が正しく生成されたとしても、残る問題があります。実体が同じレコードの重複登録があることです。この問題の性質（たち）が悪いのは、マスタレコードに重複登録があったとしても、個別業務処理（受注、出荷、請求、入金など）が問題なく遂行できてしまうところにあります。レコード1件1件を見れば正しいので、伝票明細ベースの基幹系業務処理は問題なく完結します。問題はCRMやマーケティング等の情報系処理において、品目や取引先別に売上数量や金額を分析しようとした瞬間に発覚します。このレコード重複を、マスタエントリー段階で防ぐのは困難です。特に、複数部署で同一マスタを分担入力している場合には顕著です。この重複の発見に用いられるのが「名寄せソフト」です。名寄せ後のレコードは、ゴールデンレコードということになります。

IT業界では最近、ビッグデータ等の「データ利活用」が再び叫ばれていますが、ゴールデンレコードなくして情報分析はあり得ません。また、地道な名寄せ作業も、ノイズを除去するクレンジング作業も、有能なソフトウェアをもってすれば大幅に効率化できますので、大いに活用するとよいでしょう。データは「再利用してなんぼ」のものです。ビッグデータは一時の流行に終わりません。業務系システムの再構築も避けて通れませんが、いい加減に次のステージに移らないと、欧米との距離は広がるばかりです。データまわりの基盤整備は急務です。

9.3

Theory of IT-Architecture

「マスタ変換ブリッジ」でビジネスの変化に先手

大規模システムの再構築は、しばしば長期にわたります。そこで威力を発揮するのが、マスタモデルの変換ブリッジです。トランザクションデータのブリッジなら珍しくありませんが、「マスタのブリッジは聞いたことがない」と言う方が多いかもしれません。

攻めのIT戦略への布石

マスタモデルのブリッジが特に有効なのは、次のようなケースです。すなわち、ビジネスの拡大や戦術のミクロ化に伴い、「システム上のマスタモデルを、より柔軟なものに変えたい」という要求が広がっている一方で、現行システムは順次再構築となるため、新旧両方のマスタモデルが必要となるケースです。こうした状況は近年、広く見られます。

モデル変換ブリッジは、M&Aや新規事業進出に伴い、否応なしに受け身で設置するものとは限りません。使い方次第では、システムの柔軟性や拡張性を高め、アジャイル経営の備えともなります。つまり、「攻めのIT戦略への布石」にすることができるのです。

このブリッジには、おおよそ以下のようなものが該当します。

① マルチカンパニーモデル化(複数会社対応)のためのブリッジ

② 組織の無限階層モデル化のためのブリッジ

③ 商品をグルーピングする新たな集計キーの付設 等

①は単体経営からグループ経営へのシフト、②は将来の組織改革、③は組織横断の事業評価といったように、いずれも近い将来のビジネスの変化を予測したシステム上の布石です。マスタのToBeモデル(あるべき姿)は往々にして、今発生している課題対応ではなく、「将来の柔軟性を担保するモデル」になるわけです。

「先手必勝」の理由

これらの布石を打つための工数は、いざ事が起こってからのシステム改修に比べて、はるかに小さいもので済みます。①の例では、現在のデータモデルから、各エンティティの主キーに会社コードを付加したモデルへの変換プロセスを追加するだけです。②では、階層構造の組織エンティティを、階層汎化して、属性項目に組織区分を付加するプロセスを追加します。③では、分類コードを属性に持つ商品マスタのサブタイプを作成するプロセスを追加するといった具合です。せいぜい、プログラム数本ていどです（図9-3にこれらのスキーマ操作例を表しました）。そして、予めマスタ化されていれば、いざシステム変更となっても、このマスタを利用できますが、マスタ化されていないと慌ててハードコーディングで対応するようなことが起こります。

マスタHUBとの相乗効果

このマスタ変換ブリッジは、本書でお馴染みのマスタHUB上に実装されるべきものです。図9-4は、マスタHUBにマスタ変換ブリッジを実装した際の移行期間中の状態と、最終形とを表しています。すべてのアプリケーションが新しいマスタモデルを利用するようになるまで、旧マスタモデルは生き続けますが、最終的には、画面エントリーか

図9-3 マスタモデル変換ブリッジのスキーマ操作例

①マルチカンパニー対応例

取引先マスタ【取引引先コード】ー（取引先名称、住所、TEL、・・・）
C（Convert：KEY変換）　会社コード＝“01”付与
↓
取引先マスタ”【会社コード、取引先コード】ー（取引先名称、住所、TEL、・・・）

②組織階層の汎化

課マスタ【課コード】ー（課名称）　⇦　部マスタ【部コード】ー（部名称）
G（Generalize：汎化）　事業部マスタ【事業部コード】ー（部名称）
↓
組織マスタ【組織コード】ー（組織名称、組織区分［1：課、2：部、3：事業部］）

③商品分類の追加の例

商品マスタ【商品コード】ー（商品名、形状、・・・・）
J（Join：結合）ー分類マスタ【商品コード】ー（分類コード、分類名）
↓
商品マスタ”【商品コード】ー（商品名、形状、分類コード）

図9-4 マスタ変換ブリッジ実装での移行期間と最終形

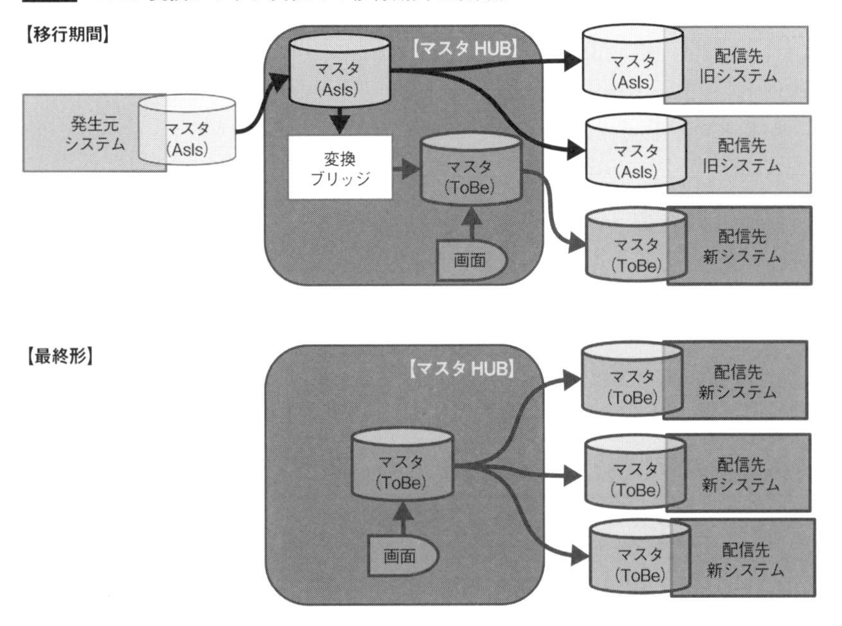

ら生成される新マスタモデルだけに切り替わります。このアプローチの特徴は、リスクヘッジを重要視しており、移行期間が長期にわたっても、気が付いたときには新しいモデルに切り替わっているという状態に至ることです。

本節では、少し細かいノウハウに言及しました。地味な話ですが、開発納期やコスト厳守に迫られるあまり、このような先仕込みの一手が削減される例は少なくありません。「セオリー」と呼んではやや大袈裟ですが、こうした局面にさしかかったとき、「ここはケチらない方がよい」という判断の手掛かりにしてください。

MDMにおける時間軸の扱い方

本節では、マスタ系データモデルにおける「時間軸の扱い方」に言及します。私たちが現実世界をシステムに落とし込む際に最も苦手なのが、この時間軸(四次元目)です。

運用データの有効開始日と失効日

企業情報システムのマスタモデルを設計する際に度々ぶつかるのが、「マスタデータの有効開始日と失効日」に関する物理設計の課題です。論理設計の段階では、この課題に触れることが少ないので、いわゆる教科書ではあまりお目にかかりません。この課題は大規模企業システムにおけるマスタデータ管理の「実運用」を意識した際に、初めて発生するとも言えます。

具体的にはこういうことです。通常、「今」だけを意識しているという意味での「リアルタイムシステム」では、取引先や品目などの最新のレコードが存在すれば事足ります。しかし、今より過去を扱うバッチシステムや、将来を扱う計画系システムでも、何らかの形でマスタデータを使う必要が発生するものです。余談ですが、RDB登場以前のレガシーシステムでは、前月・当月・翌月を管理できるように、3面のデータ環境を使い分け、工夫をしたものでした。

さて本節では、この課題を解決する物理モデルのいくつかのパターン(セオリー)について、長所と短所を交えてご紹介しましょう。いつもの事ながら、モデルには1つの正解しかないということはなく、状況に応じて使い分けるのが懸命です。図9-5に4パターンの実現手段を掲載しました。これらのパターンはともに、マスタデータを一元管理するマスタHUB上での実装を意識しています。図中のＸＸＸマスタ、ＸＸＸコードのＸＸＸには「品目」「取引先」「社内組織」など、主要なリソースが該当すると思ってください。

マスタHUBに時間軸を持たせるか否か

まずこれらは、そもそも(A)ゴールデンレコードに時間軸を持ち込まないケースと、(B)持ち込むケースに大別されます。前者には図9-5のパターン①②が該当し、後者にはパターン③④が該当します。「時間軸を取り込まないか／取り込むか」は、どちらが正解と

図9-5 マスタモデルでの有効日／失効日の扱い

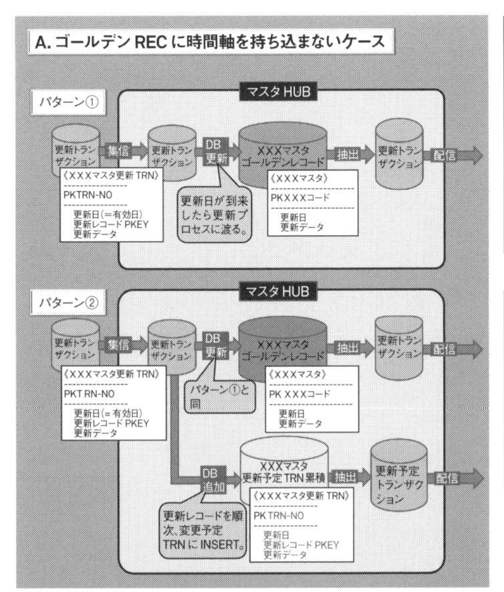

【パターン①】
- ゴールデンRECは現時点で最新の有効なデータのみを保持。前もって先日付入力された更新トランザクションは、更新日が到来した段階ではじめて活性化され、DB更新プロセスに利用
（MDMパッケージにおけるTIME-LINE機能）

※更新トランは利用先アプリに向け配信されるが、大量レコード一括更新時は、配信先は大量更新トランを受け取ることになる

※マスタデータの変更履歴は管理されない

【パターン②】
- ゴールデンレコードの位置付け、更新プロセスはパターン①と同様・別途、更新トランを順次、更新予定TRN累積にINSERT⇒更新予定トランを利用先アプリへ配信

※大量レコード一括更新時も、利用先アプリは前もって更新予定トランを取得し、これに備えることが可能

※更予定TRN累積はマスタ変更履歴としても機能

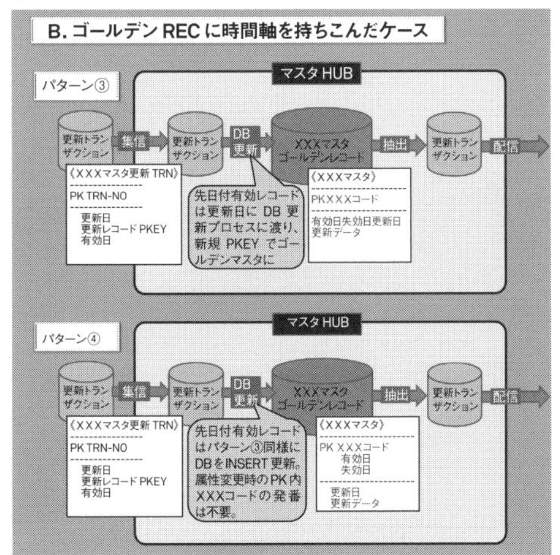

【パターン③】
- ゴールデンは属性に有効日、失効日を保有し、過去、現在、未来のインスタンスを保持。更新日に、有効日、失効日をセットしゴールデンマスタを更新

※先日付有効日のトランは、属性変更でも新規P-KEY（XXXコード）を発番。（大幅組織変更、品目の一括単価変更、取引先のM&A等、属性変更でも旧新コード併用が必要となる場合が多い）・大量レコードの一括更新はなく、先日付入力レコードが有効日の到来とともに活用開始

【パターン④】
- ゴールデンのPKEY内に有効日、失効日を保有し、過去、現在、未来のインスタンスを保持。更新日に、有効日、失効日をKEYにセットしゴールデンマスタを更新・先日付有効日のトランでも、属性変更では新たなP-KEY（XXXコード）は発番されない

※但し、マスタアクセス時に、TODAYをKEYセットしBETWEENでの検索となるのでレスポンス面が懸念

※さらに、有効日、失効日に替えて、シーケンスNo.(1、2、3…)を代理キーとしてPKに持ち、属性に有効日、失効日を持つ方法もあり。

も言えません。シンプルなのは、(時間軸＝現在を)暗黙知としてゴールデンレコードに取り込まない前者です。しかしマスタによっては、過去日付や未来日付を扱う必要があり、その場合には後者となります。

図9-5の右側に、各パターンでのゴールデンレコードの位置付けと、その更新処理概要を記しましたので、それぞれの特徴を読み取ってください。また、各パターンの短所も記述したので参考にしてください。これら4パターンはそれぞれ一長一短があるので、自社の各マスタの特性に応じて選択するようにしてください。

なお、ケースAでの①よりも②、ケースBでの③よりも④が、それぞれ処理が複雑になり、トータル開発工数が膨らみます。補足説明すれば、パターン②は①に対して、未来のマスタを事前に活用できるように拡張したものです。パターン④は③に対して、プライマリキーのXXXコード発番を防ぎ過去、現在、未来への対応を最もフレキシブルにしたものです。

いかがでしょうか？ マスタデータへの時間軸の持ち方だけでも、物理実装レベルでは、このように様々な解があり得ます。三次元から四次元に足を踏み入れただけで、ディープな世界が広がってきます。モデリングの世界には、まだまだ未知の課題が潜んでいるようです。

第10章

トランザクションデータ HUB

本章では第9章に続いて、データHUBのもう1つの重要な機能である「トランザクションデータHUB」について説明します。トランザクションデータHUBは、マスタHUBと同様に企業内の共有データをシェアする役割とともに、複数の業務アプリケーションを疎結合化するコネクタの役割を持ちます。密結合のカオスと化した既存システムに、今後の活路を見出す糸口となる極めて重要なパーツと言えます。筆者が「システム間インタフェースとは何か？」を突き詰めて得た解がここにあります。

TR-HUBの誕生と劇的効果

トランザクションHUB（以下、TR-HUB）の発想は、筆者が所属していた会社で沸きあがった、強烈な社内ニーズに端を発しました。そのニーズとは、3つの基幹系アプリケーションの同時並行開発、並びにダウンサイジングを18カ月で完遂させるというものでした。

当時、筆者の会社の基幹系システムは、相次ぐシステム開発の結果、類似トランザクションが乱立し、いわゆるスパゲティ化の様相を呈していました。「いずれ大掛かりな打ち手を講じなければ…」と常々案じつつも、あと回しにせざるえない実情が情報システムにはありました。そのツケを払うときが来たのです。

これらの課題に直面し頭を抱えていたとき、「マスタHUBがあるならトランザクションHUBもあるはず！」という仮説が閃いた私は、さっそくTR-HUBの開発にチャレンジすることにしました。

派生形をエンティティタイプに一元化

最初の構想を表わしたのが図10-1です。まず、共用性の高いトランザクションをTR-HUB内に集めてDB化し格納します。ここで更新と参照を“疎結合な形で”一元管理します。構築以前の問題は、原本から複写&変換された派生形トランザクションが、その「姿かたち」を変えて多数存在していることでした。これらを業務別に取りまとめて1つのエンティティタイプとし、DB化します。つまりDBの内部で、エンティティとして一元化してしまえば、トランザクションデータについても、重複の排除と整合性を担保できると考えたわけです。

図10-2 トランザクションHUB

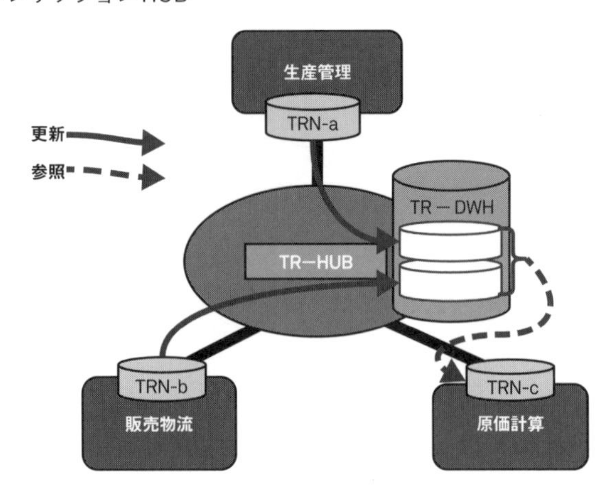

汎化で見出す共通項

図10-2は、SCMアプリケーションにおけるイベントトランザクションの汎化例を、データモデル図で表したものです。まず、①受注や出荷等の状態遷移は「ステータス」として汎化することができます。次に②購入、転送、売上等のイベント種別は「取引区分」

図10-1 トランザクションの汎化例

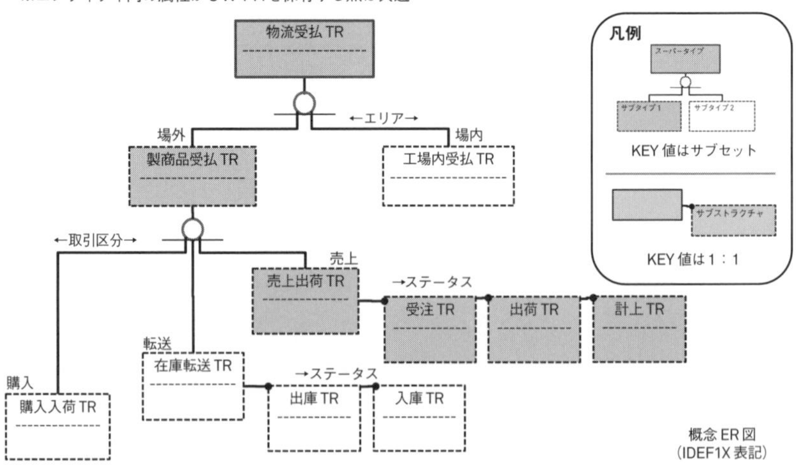

によって汎化できます。そして③製商品受払と工場内受払は「エリア」の異なる物流受払として汎化されます。このように業務ごとに束ねられた各種イベントトランザクションは、5W1Hの観点から、相互の属性に共通点を見出すことができます。

この例のように、一見、関係の薄そうなトランザクション同士も、一つのエンティティタイプに汎化してDB化することは可能です。そして、エンティティタイプが汎化されることで、更新や参照といったプロセス部品の共有化を図ることができます。

TR-HUBの完成形

このようにして、汎化可能なトランザクションをとことん汎化していくと、結果として、企業内のシステム間をまたがるイベントDBは数種類にまで統合することができます。このようなモデリングアプローチの末、遂に出来上がった産物がTR-HUBです（図10-3が完成形です）。

HUBと銘打ったこともあり、読書の皆さんはESB（Enterprise Service Bus）を想起するかもしれません。しかし、HUB内に明細DBを保有し、主要トランザクションを汎化して格納する「データHUB」である点が大きく異なります。バス型かHUB型かによらず、ESBは汎化と永続性の仕組みを内部に持たないデータエクスチェンジです（翻訳やフォーマット

図10-3 トランザクションHUB（完成型）

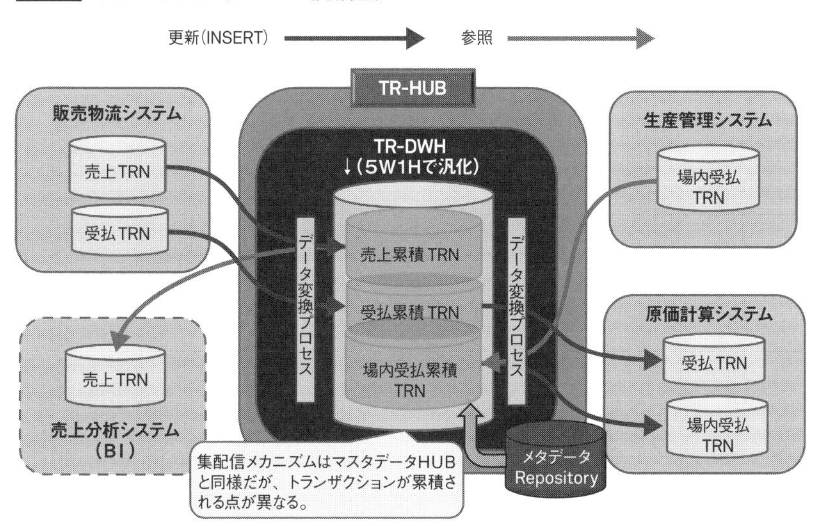

変換はしてくれます）。

予想を上回る絶大な効果

TR-HUBのもたらすメリットは、当初の想定以上でした。その最たるものは、周辺に位置する各業務アプリケーションがプラットフォーム非依存となったことです。DBを介してお互いが疎結合になるので、アプリごとに最適ソリューションを選択できるようになりました。DB側から見れば、アプリケーションは大きなサービスと捉えることができます（クラウドサービスも然りです）。

もうひとつのメリットは、トランザクションの一極化によりマネジメントの集中が可能となり、システム管理面に大きな効果をもたらしたことです。主要トランザクション内のメタデータ定義に基づいて、インスタンス（データ値）の品質チェックが一元的に可能となりました。いわば「トランザクションデータ管理（TDM：筆者の造語）」が実現できるわけです。その結果、例えばTR-HUB内の取引明細は自社管理し、その他はアウトソースするといったメリハリを付けることも可能となりました。

アーキテクチャ主導によって創造されたTR-HUBですが、今では親しみを込めて社内で「トラハブ（虎&蛇のハブ）」の愛称で呼ばれています。「複雑性と冗長性の低減」という側面で、既に会社のROIに大きく貢献しています。さらに今後は、接続アプリをプラットフォームフリーにできることから、各種クラウドサービスとオンプレミス環境のインタフェースとしても機能することでしょう。ハイブリッドなクラウド環境を支えるバックボーンとして、さらなる活用が期待されているのです。

Theory of IT-Architecture

TR-HUBで システム移行を日常化

本節では業務システム開発の移行プロセスについて、深堀してみましょう。

通常、システム移行やデータ移行、本番移行といった「移行問題」は、開発工程のクライマックスに位置しています。「理想的な移行とは？」と考えてみると、大規模案件にありがちな、清水の舞台から飛び降りるようなものでなく、限りなく平常時に近い、波風の立たないものであってほしいと誰でも願います。このことは、近年のDevOps（詳細は第14章のコラム）の目指するところに相通じます。システムの新機能がどんなに期待多きものだったとしても、移行のビジネスリスクを最小化することと、短期間でリリースできるに越したことはありません。

移行に次ぐ移行の30年

近年筆者は、移行設計を「システム開発後の切替え手順設計」という狭い意味で捉えるのをやめました。そうではなく、「最小リスクでの切替えを"いつでも"可能とするシステムアーキテクチャの設計」と捉えるようにしています。このことは、筆者の経験に根差しています。30数年に及ぶユーザ企業システム部門勤務を通じて、ただの一時も開発は止まることなく、30年間マイグレーションの連続だったと言えます。

若い方々の中には、「大規模開発が終われば、やがて安定期が訪れる」と希望的観測をお持ちの方もあるでしょう。断言しておきますが、企業のシステム環境の変化が止まることはありません。さらに言えば、今日のIT環境下では、変わらないことが最大のリスクなのです。

やがて、「移行環境とは、そもそも暫定的なものではない」と気づき、常設にした方が効率的であると分かってきます（丸投げ開発の場合には、ベンダが移行環境を毎度消去して引き上げてしまうので、なかなかこの発想が湧きません）。そしてさらに発想を飛躍させると、移行環境をそのまま温存するのではなく、「稼働システムそのもののアーキテクチャに組み入れられないか？」となります。

常設のTR-HUBを介した「移行」へ

ここで登場してくるのが、DBを介した疎結合アーキテクチャです。通常の暫定的な移行環境では、多くの場合、ファイルやメッセージベースでのデータ連携が「仮設ブリッジ」として用いられますが、こちらは要（かなめ）となるトランザクションをDB化しておき、いつなんどきアクセスしてもデータ品質が保証される状況を保つようにしておきます。紛れもなく常設のシステムアーキテクチャとして稼働システムに組み入れるのです。（図10-4に両者の違いを図示）

このトランザクションDBへの格納処理（Inbound）及び、DBからの抽出処理（Outbound）を常設化したものこそ、実は本章のテーマであるTR-HUBなのです。

このTR-HUBに実装するエンティティは、SCM領域で言えば、最も再利用性の高い取引明細データが該当します。その取引明細データは、売上・購入・生産・移動といったあらゆる社内外取引をプールして汎用フォーマット化しておくと、取り扱いがさらに楽になります。なお余談ですが、2009年に前職で構築したこのTR-HUBと類似した機

図10-4 ブリッジとデータHUBの違い

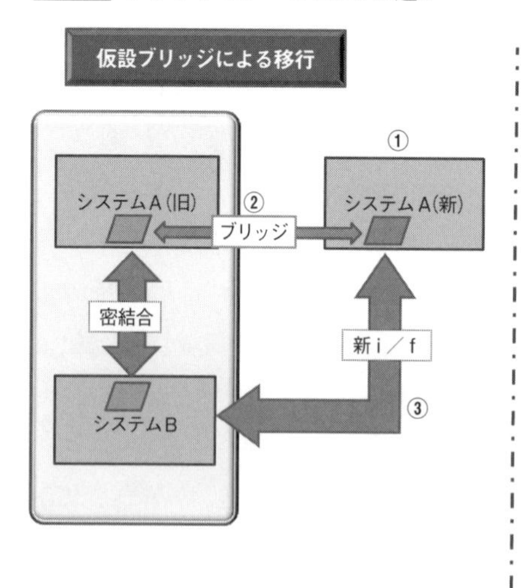

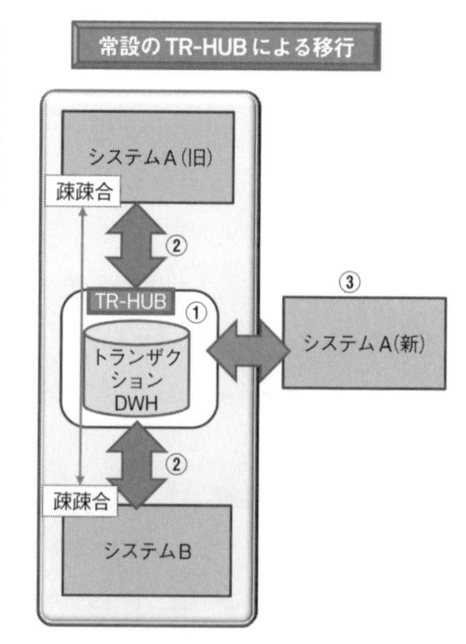

能が、大手ETL[1]ベンダからパッケージ製品化されており、実装も容易になっているようです。

そして、TR-HUBのInbound、Outbound処理には、データ変換機能を実装することが可能です。そしてこの機能は、TR-HUB上のDBを境界とした、異なる2つの世界を橋渡し（ブリッジ）することになります。複数システム間のデータ変換処理を、あちらこちらに記述するのはやめましょう。TR-HUB上で一元管理することが、データ品質を保証する上で重要です。このことは、ネットワーク機器のHUBのインテリジェント化に似ています。さらに付け加えるなら、データ変換は行いますが業務アプリケーション機能は有しません。このこともマスタHUBと同じくTR-HUBにも妥当します。

このTR-HUBが持つ移行機能の適用ケースは、多岐にわたります。大規模システムの段階的再構築のほか、M&Aに伴うシステム統合時、クラウド環境への移行時等が挙げられます。いずれもHUBの常設を前提とした方が、ビジネスの変化に俊敏に対応できるはずです。企業によっては、システムの疎結合アーキクチャが、エンタープライズアジリティの切り札になるかもしれません。

*1　ETL：Extract、Transform、Loadの略で、複数のシステムから必要なデータを抽出し、それを変換・加工した上で、ターゲットとなるDWHにロードする機能およびツールのこと。

10.3

インタフェース標準のレイヤ

大規模システム再構築案件では、「インタフェース(I/F)標準に関する誤解」を時々目にします。この誤解にはセオリーがあります。すなわち、それを解消すれば、企業システムのさらなる生産性と品質の向上が保証されるというセオリーです。そしてこの誤解は、ベンダの製品戦略を安直に受け入れ、EAにおけるTA層を先行させるあまり、上位層(特にDA層)をおろそかにする風潮から生まれています。

I/Fの何を標準化するのか?

大規模システムの再構築で必ずと言ってよいほど問題となるのが、当該システムの内外に存在する夥しい数のシステム(もしくはサブシステム)間I/Fです。長年のシステム増改築でデータを無秩序に連携した企業では、みごとなまでの「超大盛りスパゲティ」が出来上がっています。現行システムの分析段階で、数百から数千のI/Fが出現したら、誰も解読する気にならないでしょう。この膨大なI/F資料は、再構築においてDAやAAを変えずにTA(プラットフォーム)のみを移行するストレートコンバージョンでこそ役立ちますが、新築に建て替える「通常の再構築」では大変なお荷物となります。そのままでは使えず、あるべき姿のDB設計に基づいて再定義しなければなりません。

ところで、近年の大規模開発プロジェクトでは、何らかの開発方法論に則り、基本設計以降のアウトソーシングに備えて、各種の設計開発標準を定めることが一般的です。そして数ある標準の一つとして「I/F標準」も定義することになるのですが、残念なことに、実装に使うツールの選定に話題が移って行きます。“実装環境の選定”を標準化と錯覚してしまうのです。HULFT、MQ、DATASPIDER、POWERCENTER、DATASTAGE、等々の製品を選定する作業にいそしむことになります。また、この作業のモチベーションにはベンダも一役買っています。EAの観点でみると、これらのツール

図 10-5 インタフェース・レコードの標準化

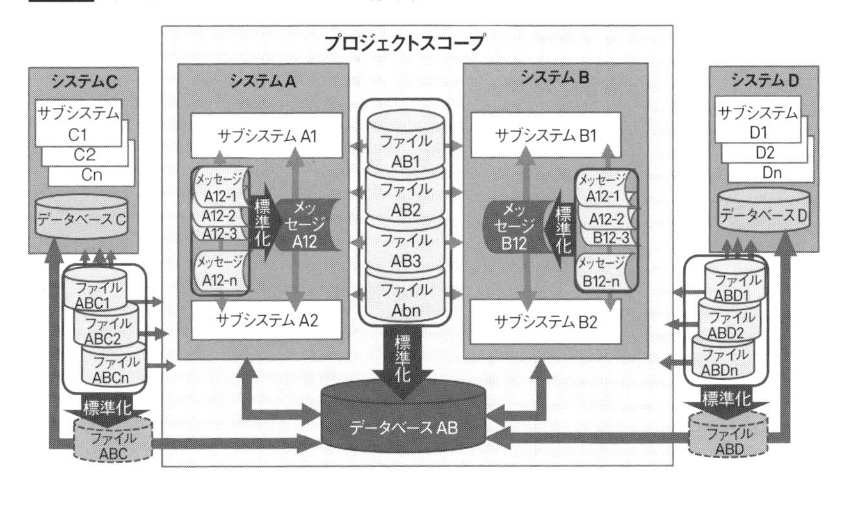

類がTA層に属すことは誰でも解ると思います。DA層とAA層（とりわけDA）の標準化は、いったい何処に行ってしまったのでしょうか。

DA層でのレコードフォーマット標準を

DA層におけるI/F標準とは、システム間で受け渡される「伝文フォーマット」の標準にほかなりません。このきわめて重要な標準が抜け落ちてしまうのです。図10-5に、夥しいI/Fの標準化を図式化してみました。ではなぜ、I/F設計・開発作業に際して、レコードレイアウトの標準化に至らなかったのでしょうか？ そこには理由があります。POA（Process Oriented Approach; 造語）型開発手法では、DB設計は開発後半のフェーズ（詳細設計）で固まるので、本標準化作業段階では、あるべき姿のDBが描けていないからです。DB設計が先行していなければならない理由がここにもあります。

話は少しそれますが、石油化学業界では1980年代後半にはEDIフォーマットが既に規定され、電子商取引が行われていました。「企業ごとにバラバラなフォーマットで取引情報をやりとりしていたのでは非効率」とのことで、早くから協会が音頭をとって標準化がなされていました。製薬業界でメーカーと卸の受発注をとりもつVANもしかりです。これを企業内のデータ交換（I/F）に置き換えても、同様にフォーマットの標準化は可能です。いやむしろ、1企業の中での標準化の方が、折衝相手も少ないので簡単なはずです。この企業内で標準化されたシステム間I/Fを取り持つ仕組みが、本章で説明しているTR-HUBにほかなりません。そして、図10-5の中央に位置するデータベースABは、TR-HUB内に位置するトランザクションDWHに相当します。

異なるシステム（サブシステム）間I/Fのレコードフォーマットは、同類のものを集約して、数百から数十にまで数を絞り込めるはずです。しかしそこには、例えば業界VANのように、誰かの「統一しよう！」という意思の働きが必要不可欠なのです。この意思は、果たしてどこに求めるべきでしょうか？ 少なくともツールやベンダではないはずです。ひとつの答えは、アーキテクチャです。DA層の統一は、さらに上位のBA層についての知識があって初めて可能となります。EA各層の設計は、BA⇒DA⇒AA⇒TAの順に確定されるものです。進化の著しいTA層は、実装直前の段階で、最新のものを選べばよいのです。

システム間I/Fとは、データのやりとりです。その同期タイミングの分類には、リアルタイム、準リアル、遅延型バッチ等があります。伝文の蓄積形態には、揮発性メッセージ、一時蓄積メッセージ、ファイル蓄積、DB蓄積等が挙げられます。これらいずれのパターンでもレコードレイアウトが存在し、それらのできる限りの統一を図らねばなりません。エンタープライズレベルでのスラムを極少化するためです。少なくとも、I/F設計はシステム設計の起点にあり、断じて、結果としての妥協の産物であってはなりません。

一枚岩よりも相互接続性

ウォータフォール型の開発方法論では、「開発工程の前半でスコープ(システム化の対象範囲)を決めなさい」と書かれています。では、スコープから除外された部分はどうなるのでしょうか？

広がり続ける“外部”

世の中のシステムは(宇宙と同じく)どこまで行ってもスコープの外側が存在します。例えば、単体⇔グループ、自社⇔他社、自国⇔他国などです。相手側システムとの間には、人間系も含めてI/Fが介在します。そして、大規模システムのデータ品質問題の多くが、このI/Fに起因しています。理由は、近年、コンテキスト(文脈・前提)の異なるシステム同士の連携が頻発しているからです(図10-6)。

20世紀の企業システムでは、可能な限りスコープを広く設定し、その中でデータの一貫性を保証することが良しとされました(ERPによる密結合が最たる例です)。しかし今世紀に

図10-6 システム間インタフェース

入り、そのスコープが1法人を越え、グループ経営やM&A対応を迫られています。また、社内システムも複雑化・巨大化し、もはやビッグバンによる全面再構築が不可能となる等、ここへきてモノリシックな構造では立ち行かなくなってきたのです。

このような背景により、スコープ拡大の方法も変らざるをえません。「統一」の旗のもと、何年もかけて同一のシステムに糾合することには限界が見えています。むしろ、異なるシステムの素早い相互接続が優先され、「インターオペラビリティ」(相互接続性)が重要視されます。膨大なコストと時間をかける 統一や一本化が、どれほどビジネスのROIに貢献したのかという経営者の疑問に答えられないからです。

アーキテクチャ主導のI/F設計

では、異なるシステム間のI/Fを肯定的に捉える場合、それはどのように設計され、管理されるべきでしょうか。ITアーキテクチャ主導で考えてみましょう。

まずはDAの観点から、意味が同様でコード形式の異なる2つのエンティティの間には、関連エンティティ(変換テーブル)を見出すことができます。1対1の単純変換ができないケースでは、何らかの導出ロジックで両者のデータモデルを繋ぐ変換プロセスを設計します。

AAの観点では、上記の変換プロセスを、共通コンポーネントとして一元管理したいものです。変換プロセスをあちらこちらに散在させず、1か所に配置して 変換プロセスの品質を保証するのです。また、これらのデータプロセスに関する定義情報は、メタデータとしてリポジトリに格納し「定義の再利用」を図ります。

具体的にこの「変換プロセス」は、図10-7のようにTR-HUB内の、データベースを挟んだインバウンドかアウトバウンドに配置して、一貫性を保証すべきです。このことはデータ中心のセオリーに合致します。今後、企業システムのソフトウェア市場では、このように異なるシステム同志をモデル変換&連携するための実装ツールが、かつてのEAIやETLツールの発展型として、より脚光を浴びるようになるでしょう。

さらに、TR-HUBに変換機能を持たせれば、スコープの異なる複数のシステム群同志の相互接続を実現できます。自律分散かつ拡張性に富んだ巨大なネットワーク型システムを形成することも可能です。

インターオペラビリティに富んだシステムは、モノリシックな(一枚岩の)システムよりも一貫性と堅牢性は甘いかもしれませんが、拡張性と柔軟性に長けています。今日のア

図10-7 TR-HUB間のブリッジング

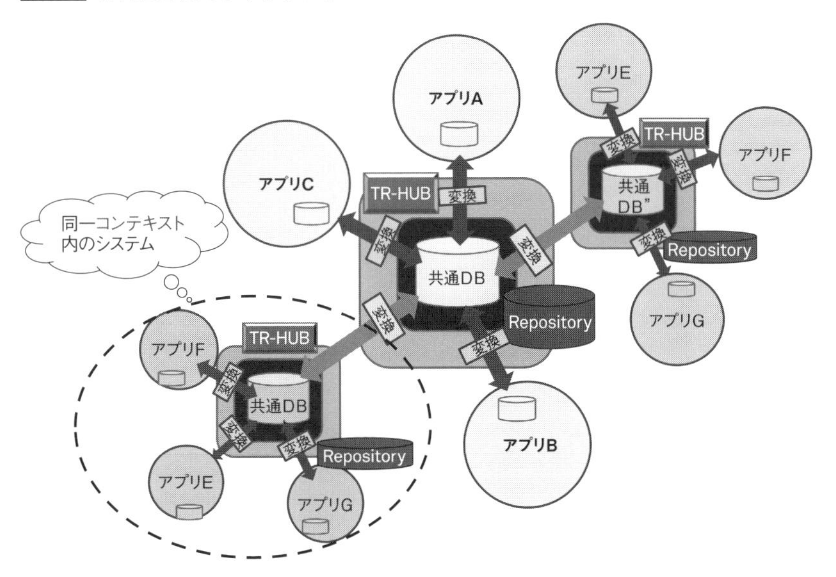

ジャイル経営の下で、企業システムには、堅牢性に加えて柔軟性を上手く取り込んだ、ハイブリッドなシステムアーキテクチャが求められています。

第11章

情報系データウェアハウス

企業システム全体を見渡してみましょう。そこにはどんな種類のデータベースが存在し、それぞれがどのような役割を果たしているでしょうか。本章では、この問いに答えるために、各種データベースを生物種に見立て、企業という土地の生態系マップに図示して、それらの特徴と関連性を説明します。

11.1

Theory of IT-Architecture

企業内情報生態系を俯瞰する

本書ではEAの説明に用いる例の大半を、基幹業務(エントリー)系システムが占めてきました。しかし、エンタープライズ(企業全体)と言うからには、情報系システム抜きにはできません。企業活動のPDCAサイクルは、基幹系システムで捕捉されたオペレーショナルデータを、情報系システムで再利用することで、初めて成立します。どちらも企業活動に不可欠な存在なのです。

DBの"生態系"としての企業システム

企業情報システムの構成において、情報系の中心に位置するのは、依然、DWH(データウェアハウス)です。DWHについて、「広義のDWHには様々な種類があり、用途に応じて使い分けるべし」というセオリーがあります。このことが「データベースの生態系」という喩えを思いつく契機になりました。私がこのセオリーに確信を得たのは、DWHの生みの親であるビル・インモン氏の1998年の著書『コーポレート・インフォーメーション・ファクトリー』からです。ちなみに正反対の考えは、「強力なハードウェアがありさえすれば、オペレーショナルデータストア(ODS)[1] 1つであらゆる情報ニーズに応えることができる」ですが、そう簡単には行きません。

図11-1の「企業内情報生態系マップ」には、情報のフローに沿った各種のストックヤードと、その主な利用者を示しました。このマップは、基幹系システムA、情報系基盤

*1 ODS: Operational Data Storeの略。基幹業務処理系システムのイベント明細データを、検索などの目的で取り出し一時的にデータを保持するデータベース。

B、目的別情報系Cという大きく3つのゾーンに分かれています。図の上部にはマスタが配置されており、情報系基盤では履歴が必要となることを示しています（これを避けるには、イベント側にマスタのタイムスタンプを持つ必要があります）。そして中央から下半分が、生態系の中核に位置するイベントデータの変遷です。AゾーンのODSからBゾーンのセント

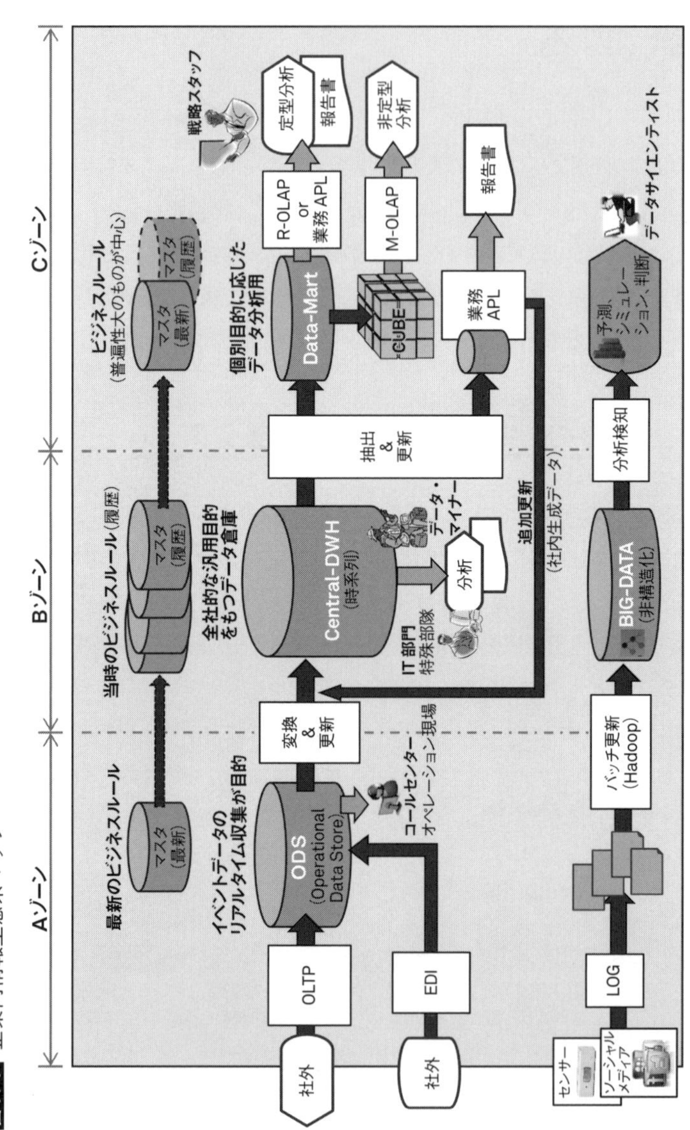

図11-1 企業内情報生態系マップ

ラルDWH、Cゾーンのデータマート[2]へとデータが変遷する様が見えます。

役割ごとに異なる情報系DBの構造と生態

各ゾーン内のDBは、それぞれ異なる役割に適した構造になっています。ODSの役割はイベントデータのリアルタイム収集です。その構造は「エントリー生データの忠実な保持と明細データの高速検索」に力点が置かれています。セントラルDWHの役割は、情報分析のための全社的なデータ供給源となることです。その構造は「大量の時系列情報から、様々な条件に合致したデータを、いかに迅速に取り出せるか」に力点が置かれています。そして最下流のデータマートの役割は、「個別業務の目的に応じた情報分析」であり、「多面的な分析軸の瞬時の交換等、非定型な分析に応えることのできる構造」が特徴です。

マップの下段には、最近話題の「非構造化データ」を扱う情報系システムが描かれています。ハード／ソフトの進化により、従来は扱えなかった非構造化データも分析対象にでき、意思決定業務は新たなパラダイムを迎えました。各種センサやソーシャルメディアから収集した非構造化データを、固定的スキーマを持たないNon-SQLデータベース等にビッグデータとして蓄積し、今までにない情報分析をしようというチャレンジです。非構造化DBは情報生態系の「新種」と言えます。

このように企業内には様々な種類のDBが生息しています。お互いの間では、必要なタイミングでデータ同期がなされます。それぞれが役割をきちんとこなすことで、企業内情報生態系はバランス良く保たれます。

ところで、「情報系システムの整備は、基幹系の再構築が完成した後で…」とお考えの方には、「コストとマンパワーが許すのであれば、基幹系の完成を待たずとも着手すること」を、ぜひともお勧めします。企業システムの良し悪しは、システム全体の成熟度レベルで評価されます。基幹系が完璧でなくてもある程度情報系が機能している方が、完璧なエントリーシステムがあるのに情報が再利用されていない状態よりも、格段に高く評価されるからです。

---

*2 データマート：データウェアハウスの中から特定の検索目的に合わせて抽出、集計、編集を施したデータベース。

11.2

Theory of IT-Architecture

ゾーン別に見る情報系DBの特徴

前節で俯瞰したAゾーンのODS(Operational Data Store)、BゾーンのセントラルDWH、Cゾーンのデータマートのそれぞれの特徴を、さらに詳細に掘り下げてみましょう。表11-1に、いくつかの主要な観点から、特徴をまとめました。各ゾーン別に、その誕生の歴史を振り返りながら説明します。

ODSとデータマートの生態

まずはAゾーンです。こちらは1970年代から存在する最も古い基幹系システムの領域です。ここにあるデータベースはODSであり、1980年代前半にOLTPシステムとともに世の中に登場しました。目的がイベントの捕捉にあるので、データ粒度は取引明細、保存期間は2～3カ月です。DB更新タイミングはリアルタイムが基本。物理DBはRDB。利用者は基幹業務システムの現場オペレータやトラブル対応のヘルプデスクです。

次に世の中に登場したのは、Cゾーンのいわゆる「情報系システム」です。1980年代半ばのSQL言語とBIツール[3]の登場で、最初の情報系DBが企業内に構築されました。当時は情報系DBの種類が限られていたため、多くの場合、ODSから直に生成されました。やがて類似した情報系DBが増えていき、セントラルDWH経由で生成されるようになりました。データの粒度は、目的に応じたキーによるサマリで、保存期間は5～10年程度です。DB更新タイミングは日次もしくは月次1回が一般的。物理DBはRDBのほか、非定型検索を高速化するためのキューブ型DBもあります。利用者は事業の戦略

*3　BIツール：BIはBusiness Intelligenceの略で、企業に存在するあらゆるデータを活用して、経営上の意思決定に役立てようという手法や技術のこと。BIツールはこれに用いるITのソフトウェアツール。

表11-1 ゾーン別情報系DBの特徴

分類	Aゾーン	Bゾーン	Cゾーン
ゾーンの特徴	**オペレーション現場最前線**	**情報資源管理ベースキャンプ**	**バックオフィス戦略企画**
DB種別名	**"ODS"**（Operational Data Store）	**"セントラルDWH"**（Central Data-Ware-House）	**"データマート"**（Data Mart）
企業での役割	**取引（イベント）データのリアルタイム収集**	**全社的な情報分析への汎用的データ供給元**	**個別業務に特化したデータ分析用**
主な利用者	・現場オペレーター ・ヘルプデスク	• IT部門特殊部隊 • データマイナー ※ データサイエンティスト	戦略企画スタッフ
データ粒度	イベント明細（全修正履歴）	イベント明細（修正履歴なし）	目的に応じたKEYでのサマリー
データ寿命	2～3か月	24～36か月	5～10数年
データ発生源&加工	社外情報のOLTPエントリー又は、EDIから取得し、そのまま格納	ODSのデータクレンジング（ノイズ除去）後、再利用可能な状態に型変換	セントラルDWHをもとに、目的に応じたKEYにデータを集計&型変換
データ更新頻度	リアルタイム	1～2回／日	1回／月（1回／日）
データアクセス形態	・主KEYをセットしレコード1件追加or更新 ・夜間にレコードn件取出し	INDEXが付与された任意のF－KEYの組合せ条件をベースに、レコードn件のセットを取得	BIツールにて一定の範囲内でn件レコードを非定型検索（業務アプリで定型的に検索）
物理DB構造	RDB（正規形）	・RDB（リレーショナルモデル又は、スタースキーマモデル） ・非構造化DB（NON-SQL等）	・RDB（R－OLAP） ・CUBE（M-OLAP） ※ 分析軸の交換が容易な構造
必要とするマスタ	最新のマスタ（最新のビジネスルール）のみ	• 取引き発生時点のマスタ（履歴） ※ 履歴保持困難な場合はイベントレコードにマスタ埋込み	通常、最新のマスタ

企画を練るスタッフが中心です。

セントラルDWHの生態

最後にBゾーンの情報系汎用データ基盤を見てみましょう。1990年代後半には、DWHやBI製品の進化とともに大規模な情報系DBのニーズが高まりました。このゾーンのセントラルDWHの役割は2つです。データマイニング用の取引明細の格納庫と、Cゾーンのデータマートへの明細データ供給元という役割です。

これらの役割から、データ粒度は自ずと取引明細が必要で、保存期間は通常24～36カ月となります。DB更新タイミングは日次1回から2回のバッチ更新。データ発生源はODSですが、通常は再利用を可能にするために、しばしばデータクレンジングを伴います。物理DBMSにはRDBを用いますが、大規模データの非定型な要件に応えるべく、通常のリレーショナルモデルではなく、スタースキーマ[4]モデルを適用することもあります。利用者にはデータマイナー（データマイニング担当者）のほかに、即席SQLを操るIT部門の特殊部隊などがいます。

またBゾーンには、大量の文書や画像等を扱う上述の非構造化DBもあります。豊富なビジネス知識を駆使してこれを操るデータサイエンティストたちの活躍により、Bゾーンは今後ますます賑やかになるでしょう。ビッグデータの解説は世の中に溢れていますので、本書では省略します。

再度DB設計エンジニアの育成を

以上がゾーン別の情報生態系の特徴です。どのゾーンもDBが核となっています。そのDBは役割も構造も異なるので、設計には異なる専門知識が必要です。一筋縄ではいきません。

近ごろ危惧していることは、オブジェクト指向やサービス指向等のプロセス設計技術に加え、人工知能や数理統計の手法が劇的に進展し、IoTや認知工学が交差する中、業務知識を携えつつ、データベース設計ができるエンジニアが減っていることです。プロセス設計に関して言えば、OOA（オブジェクト指向分析）やSOA（サービス指向アーキテクチャ）は、DOA（データ中心アプローチ）と矛盾するものではありません。この点を間違えてはいけません。プロセスの先には必ずターゲットデータがあり、それが整理されていることが大前提です。データが散らかったままいくらプロセスを整備しても、レスポンス面の要件充足が難しいだけでなく、適正なデータ品質のキープすら危うくなります。

いま再び、DB設計エンジニアの育成が急務になっています。多人数はいりませんが、必ずユーザ企業内に、少なくとも数名は欲しい人材です。SIer側にも必要なことは、言うまでもありません。

---

*4　スタースキーマ：ラルフ・キンボール氏が提唱したDWHのアーキテクチャ。中央のファクトテーブル（イベント実績のエッセンスのみを記録）を、複数のディメンジョンテーブル（分析の切り口となるマスタ情報を格納）がスター型に取り巻くことから命名された。両者はシンプルなサロゲートキー同志でジョイン（結合）されるので、高速な検索が可能となる。

各種DWHからの情報フィードバック

情報系システムの本来の目的は、価値ある情報をビジネスへフィードバックすることです。本節では、情報生態系の各種DWH（ODSやデータマート含めた広義のDWH）が、この目的をどのようにして果たすのかを掘り下げます。各種DWHの情報フィードバックの「質の違い」を明らかにするとともに、それぞれのDWHについて、今後の方向性と課題をまとめてみます。

リアルタイム・短期・中長期

次ページの図11-2を見てください。AゾーンのODSは、名前のとおり業務システムの現場オペレーションのために存在するので、ビジネスへのフィードバックはほぼリアルタイムで行われます。このフィードバック情報の流通に関与する人は、業務運用の専門知識を有する現場オペレータやヘルプデスクです。

BゾーンのセントラルDWHと、近年のビッグデータは、後続のデータマートへの橋渡しの役割を別にすると、情報の粒度・種類・蓄積量などから、短期的でアジャイルなビジネス戦術へのフィードバックが期待されます。昨今のスピード経営では、大きな戦略は変わらなくても、精度の高い統計情報に基づく、現場レベルでの日々のドライブが重要度を増しています。しかし、このBゾーンの情報はパワフルである半面、性格がいささか暴れん坊なので、扱いには高度なスキルを要します。データマイナーやIT部門の特殊部隊、さらにデータサイエンティスト達に期待が集まる理由にはこうした面も含まれます。

Cゾーンのデータマートからは、どちらかと言えば中長期のビジネス戦略のために、情報がフィードバックされます。データの粒度はサマリであり、なおかつ時間軸が長期に渡るので、包括的なビジネストレンドを見て取ることができます。これにより経営スタッフは、四半期、年度、3カ年中期計画等のサイクルで戦略企画を立案します。彼らはIT知識に疎いのですが、Excel表や、時にはBIツールの利用者だったりもします。

このような形に整理してみると、近年のBゾーンの躍進ぶりが、アナログのビジネスを変えていく気配を感じます。とは言え、戦略なくして戦術はないですから、Cゾーンも

図11-2 各種DWHのビジネス・フィードバック

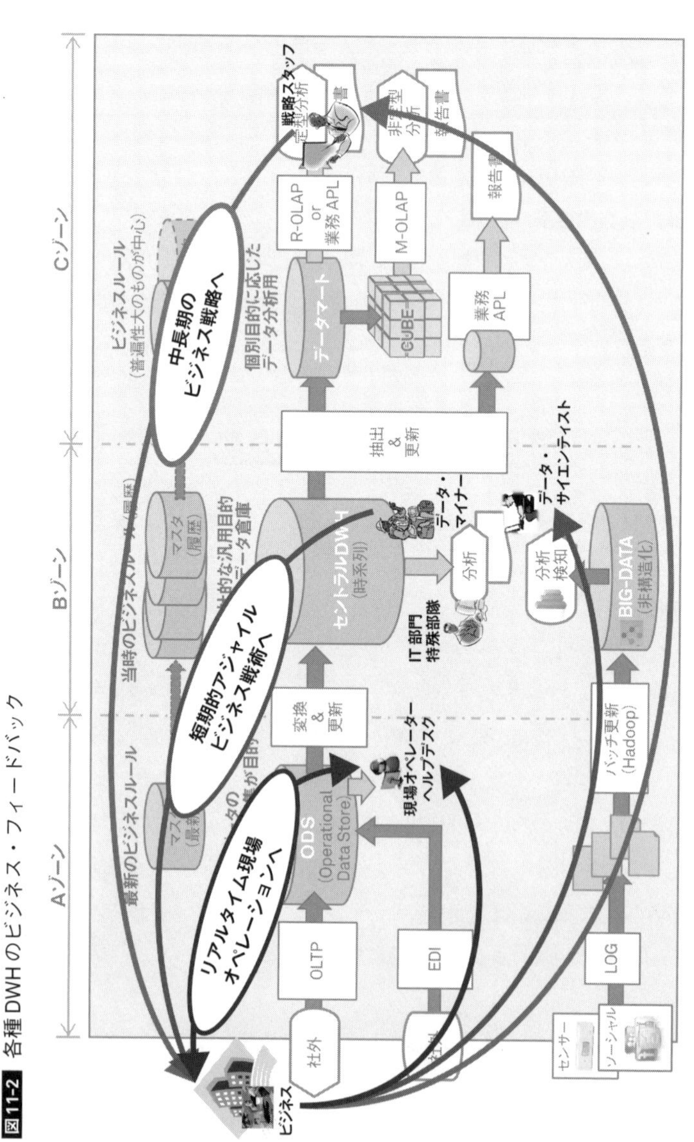

表11-2 情報フィードバックの特徴／今後の方向性予測

	ODS	セントラルDWH・ビッグデータ	データマート
①フィードバックの目的・用途	現場ビジネス・システムの継続（守り）	アジャイル・ビジネス戦略に活用（攻め）	中長期のビジネス企画に利用（守り、攻め）
②フィードバックのデータ粒度	全てのイベント証跡を含んだイベント明細	時間軸をはじめ分析対称軸を考慮したイベント明細	業務目的別の集計データ
③フィードバックのサイクル	即時〜遅くとも日時	週次、月次	月次、四半期、半期、年次
④フィードバックの出力形式	運用操作性を重視した定型画面	多様なグラフ表現を駆使した専門的分析画面	レポート（報告書）、集計表など分かり易い画面、帳票
⑤情報利用の発展方向	企業間コラボレーションの時代に入り、業界EDIが進展する	ビジネスの俊敏化と、ビッグデータ等ITシーズの進化で領域が拡大する	スタッフ部門でのBIツール利用は当たり前になる
⑥組織や人の課題	他社とのコラボレーションを可能にする企業間IT基盤・組織づくり	データサイエンティスト（ビジネス／IT両方の専門知識を保有）の育成	企業内データ資源の種類と正しい意味に精通したユーザの育成
⑦全てに共通の課題	〜〜 **メタデータを格納するリポジトリの整備** 〜〜		

少しずつ拡充され、衰退はしないでしょう。表11-2の上部に「各種DWHのビジネスへの情報フィードバックの特徴」を、①目的・用途、②データの粒度、③サイクル、④出力形式 に着目してまとめてみました。

それぞれの将来課題を見通す

また表11-2の下部、太線内には⑤⑥として、「各種DWHおよびゾーンの今後の方向性」を予想してみました。ODSでは、企業間コラボレーションの時代に入るため、企業間のIT基盤づくり・組織づくりが課題となるでしょう。セントラルDWHでは、ビッグデータとともに領域が拡大するため、データサイエンティストの育成が課題となるでしょう。データマートではBIツール利用が常識化する一方、企業内データ資源の種類と意味に関するユーザ教育が課題となるでしょう。そしてこれら全てには、⑦のメタデータを格納する「リポジトリ」の整備が避けて通れません。

ここで1つ苦言を呈しておきます。ビッグデータとともに再び情報系システムが脚光を浴びることは、企業にもIT従事者にも大変よいことですが、問題はBゾーンの担い手が絶望的に足りないことです。データマイナーもデータサイエンティストもですが、いわゆる「クロスインダストリー」な組織形成が苦手な日本企業では、育ちにくいのが現状です。

今日、日本で、ビジネスとIT、両方の専門知識を有する人はごく少数です。ビジネスニーズの本質を理解しないと、役に立つDWHの設計はできません。かつてDWHやBIが流行した時と同じく、高額なツールばかり購入した挙句ROIが得られないという悲惨な状況の繰り返しとなります。その一方で、データハンドリングの高い知識がなくては、Cゾーンでなら生き伸びても、Bゾーンには決して入り込めません。

不要論どころか「情シス待望論」

筆者はこの重大な責務の担い手として、社内の情報システム部門（組織名称がどうであれ）こそが至近距離にいると思っています。最近「情シス不要論」を取り沙汰する一部メディアもありますが、考え直すべきです。

少なくとも、全ての情報資源（インスタンスではなくメタデータですが）に接することが許され、企業活動におけるデータの流通機構を設計することが許される唯一の部門なのです。今はまだデータサイエンティストらしい活動をしていなくても、何とかしてユーザニーズを汲み取り、一般的なデータ食材から定食料理を作っているのです。優秀なデータ料理人を目指す基礎力は、他部門よりも習得できているはずです。情報システム部門は、情報資源（データ）管理をコアコンピタンスとすべきなのです。

DWHとODSの間に必要な仕掛け

情報系データ基盤となるDWHの整備に当たって、最初に立ちはだかる課題は、オペレーショナルデータと分析用データの「セマンティクスギャップ（意味の食い違い）」です。このギャップは、小規模でシンプルな事業体ではあまり考慮する必要はありませんが、大規模かつ複雑な事業になればなるほど厄介です。地味な話ではありますが、情報系システムを構築する際には、ぜひとも念頭に置くべき事柄です。

コード変換・分析軸・名寄せ用のマスタ群

一般的な教科書には、「DWHへ格納する前にクレンジング処理が必要」と書かれています。そしてこの「データクレンジング」という言葉から想像するものは、ノイズを除去したり、不完全なデータを整えたりするイメージでしょう。しかし、実際にDWHの設計に携さわると、データの整理整頓だけで済まないことがすぐにわかります。ODSのデータを、業績内容の分析やビジネス戦略の立案に使えるようにするためには、実に様々な変換プロセスが必要となるからです。

例えば、名寄せ作業で決定された顧客や商品の統一コードの付与をはじめ、戦略立案のためのサービス種別の付与、粒度の異なるコストの明細レベルへの配賦&付与といったように、ODSには含まれない分析情報が加味されます。ちなみに、マスタデータの名寄せ作業は、属性値の整頓が前提となります。すなわち、左寄せ、㈱の位置、スペース詰め等を経てはじめて、値が同一かどうかが判断されます。そして名寄せの結果は、「（名寄せ前）個別コードと（名寄せ後）統一コードの対応テーブル」という成果物になります。このように可能な限りのクレンジング&変換を施してはじめて、ODSのトランザクションデータは再利用たり得るものになるのです。図11-3には、そのイメージを表しました。

ここでさらに重要なセオリーがあります。これらの付加価値を付与するプロセスを繰

図11-3 ODSとDWHの間にあるもの

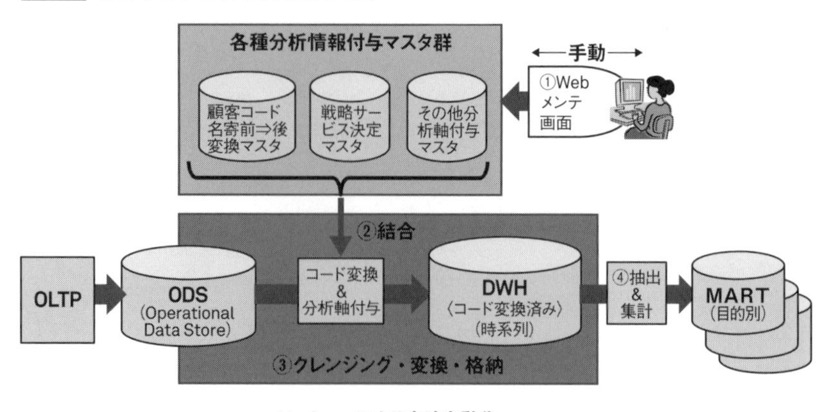

り返し自動実行できるように、その「分析情報の付与ロジックを"変換マスタ"の形にしておくこと」です。DWHを継続運用するためには、担当者が絶えずこの「分析情報付与マスタ群」を最新状態にメンテナンスし続けなければなりません。

参考までに、図11-3を物理実装レベルで補足しておきましょう。リレーショナルモデルでは、画面からメンテされた変換マスタによって、明細レコードに新たな分析軸が付与されます。スタースキーマモデルでは、各種ディメンジョンテーブルの項目が画面からメンテされ、ファクトテーブルとスタージョインされることになります。さらに、変換マスタのメンテは手動で行う(将来はAIによって自動化される)としても、DWHを生成する作業は、HADOOP[5]等を用いた高速自動処理になっていたいものです。

死に至る病＝セマンティクスギャップの放置

さて、ここで一つの疑問が湧いてきます。「図11-3のようなクレンジング&変換処理が必要となるのは、レアケースではなかろうか? たまたまODS内のデータが汚れていたからであり、そこがきちんとしていたら不要なのではないか?」という疑問です。

答えは否、「常に必要」です。ODS側でどんなに高いデータ品質が保証されていても、

*5 HADOOP: データを複数のサーバに分散して並列処理するミドルウェア。ビッグデータ活用において、大量データを高速に処理する際に極めて有効。

DWHで必要とするデータと（たとえ呼び名が同じでも）、意味するところが合致するケースは極めて稀です。もしもDWHの都合でデータの意味（粒度や範囲も含む）や形式を変えるような事態となれば、安定的な稼働を続けている基幹系システムを改修するリスクを負うことになってしまいます。データコンテキスト（文脈）の拡大は、システムに大規模な改修をもたらすことになるからです。

分かりやすい具体例を示しましょう。質問です。受注システムで扱う（取引実績のある）顧客マスタを、新設のDWHで扱う（顧客予備軍も含むマーケティング対象の）顧客マスタへと、変更してもよいでしょうか？ 当然、答えは否です。呼び名は同じ「顧客」でも、意味するところが違うからです。受注した商品が先方に届き代金回収ができればよい取引相手と、マーケティング活動が対象とする1法人または1個人は、別の概念です。すなわち、メタデータとしては範囲も粒度も異なると解釈すべきです。この場合の対処は、従来の顧客（取引先）マスタとは別に、広い範囲の統合顧客マスタを新設して、両者を共存させるのが自然です。その際の両者の関係はN:1となります。

「えーっ、そんなの当たり前じゃないの？」と思う方が多いでしょうが、（メタ）データ管理の意識が薄い企業では、似たような状況でマスタを新設せずに、既存のマスタデータを無理やり範囲拡大し利用していたりします。そのようなメタデータの意味拡大を繰り返していけば、企業システムがブラックボックスのカオスと化す日は遠くないでしょう。まして、この意味拡大を施した証跡（XXXX年XX月XX日に誰が何の目的で実施したか）が残されていないとしたら、目も当てられない事態になります。

DWHの構築には、新たな分析情報の付与が必要です。そしてメタデータやセマンティクスへのこだわりは、DWHの構築に必要不可欠であるだけでなく、システムのアンチエイジングにも貢献することになります。

第IV部｜戦術ソリューション

第12章

リポジトリで情報を可視化

システムのあらゆる仕様を一元管理するために必要不可欠な器（うつわ）が「リポジトリ」です。このリポジトリに格納されるデータ部品の仕様（＝メタデータ）の整理は、全社のデータ品質を担保する役割とともに、データアーキテクチャを可視化し、アプリケーションのブラックボックス化を防ぐという大きな役割を担います。本章では、このリポジトリの構造と作り方について、一般企業で実現可能なソリューションをお伝えします。

データ辞書の整理法

データを可視化する作業の出発点は、個々のデータが持つ「意味」を文章で表現することです。まずはこの「データの意味」の整理法について述べます。「意味」といった瞬間に「何か小難しい話？」と感じる方も多いでしょう。しかし、姿かたちのないソフトウェアにおいて、データの意味を曖昧なままにせず、可能な限り明確にすることは、データ品質を向上させるために避けて通れません。

データの形式と意味に「タグ付け」

第5章でも述べましたが、プログラム製造の主原料はメタデータです。これは「形式（型、桁）」と「意味」から構成されますが、特に後者の部分の記述には工夫を要します。

業種を問わず企業の情報システム部門は、何らかのかたちで「データの意味」を管理しています。部員の頭の中に記憶されている（管理とは呼べない）レベルから、事業特有の専門用語のみの辞書を作成している（必要最小限の）レベル、リポジトリデータベースに全てのメタデータ定義が格納されている（理想的な）レベルまで様々です。いちばん多く目にするものは、Excelで作ったテーブル定義書のなかの、各データ項目の備考欄に記載されたメモ程度のものです。

さて、「データの持つ意味を記述しなさい」と言ったところで、自然言語の自由記述では、作成者によるバラツキや、大事な抜け漏れが避けられません。必須事項を漏らさず、かつ長文になるのを防ぐためには、タグを用いた記述が有効です。ヒントとして、普段お世話になっているウィキペディア（Wiki）の様式がわかりやすいでしょう。実際、筆者の前職では、Wikiのフリーウェアを用いてリポジトリを構築していました。

それでは、形式や意味に関し、どのようなタグを設ければよいでしょうか。筆者の考察を例示してみます。

(1)【D/L区分】(必須)⇒ドメイン(D):個別のエンティティに依存しない原始的意味と形式が共通なデータ。ローカル(L):エンティティ上に存在する個々のデータ。

(2)【ドメイン】(ローカルデータでは必須)⇒継承するドメイン名(定義域)を記載。

(3)【データ種別】(必須)⇒"コード"、"区分"、"名称"、"数量"、"番号"、"時間"の区別。

(4)【データ発生源、生成過程】(ローカルデータでは必須)⇒データの発生源となるシステム名とその生成過程。

(5)【データオーナー】(ローカルデータでは必須)⇒ データコンテンツの責任部門。

(6)【説明】(ドメインでは必須)⇒データの持つ意味をできる限り平易かつ抽象的に日本語で説明。 ドメインの場合:利用される局面に依存しない普遍的な意味を記述。ローカルデータの場合;継承するドメインの説明で不足する補足説明を記載。例:仕入先コード… 商品の仕入先となる取引先コードなど。ここでは、インスタンス(値)のカバー範囲と、データ1件毎の粒度(括り)について明記することがポイント。

(7)【変更履歴】(任意)⇒データの意味を変更、拡張した履歴について、変更年月とともに記載。

データ種別ごとに掘り下げる

図12-1には、受注エンティティ内の届け先コードの意味説明の例を掲載しました。無秩序な自由記述よりも、かなり明確化されたと思います。但し、自由記述部分の(6)【説明】のタグに、いかに簡潔な日本語で、誰でも理解できるように書くかが気になります。そこでもう一段掘り下げて「データ種別ごと」に何を書くかを考えてみましょう。すると…

- コードの場合;モノやコトに付与する粒度や、インスタンスのカバー範囲について明確化(ベン図等で捕捉)。
- 区分の場合;「取り得る値そのもの」とその説明を記載(通貨区分=1:円、2:US $、3:€、4:その他など)。
- 数量の場合;"どんな量か…長さ、重さ、容積…"や、その単位を記載。
- 名称の場合;"XXに付与された名前"と記述(全角/半角も)、
- 時間の場合;時刻と時間の識別に注意。 …などとなります。

そして最後は、文章を書く力を養うしかありません。饒舌である必要も、広辞苑のよう

図12-1 データ定義の例

届け先コード（受注エンティティ内）

【D／L区分】L（ローカル）【データ種別】コード値
【ドメイン】取引先コード【型、桁数】CHARA、6桁
【データ発生源、生成過程】
受注システム。受注入力画面にて、取引先マスタから選択登録される。
【データオーナー】物流管理部。
【意味説明】
製商品を得意先から受注後出荷する際に、現品を届ける取引先のコード。
得意先法人の拠点の場合も、物流会社等の第三者法人の拠点の事もある。

取引先コード

【D／L区分】D（ドメイン）【データ種別】コード値
【データ型、桁数】CHARA、6桁
【意味説明】
当社が製商品の製造販売を行う上での取引の相手に付与されたコード。
原材料・商品の仕入先、製商品の売上請求先、物流上の届け先などの取引先の種別が含まれ、法人格及び、その支所課、さらにはその口座が粒度となる。意味を持たない6桁の英数字文字列。

に洗練する必要もありません。量をこなすうちに、少しずつ進歩します。ここは思い切り悩み、もがいてみましょう。

パピルス、ロゼッタストーン、グーテンベルクの昔から、「記録を残し第三者に伝える」ことに、先人たちが営々と苦心してくれたお陰で今の文明があります。文字を持たない謎の文明もありますが、「記録のない謎のシステム」では洒落にもなりません。あらゆる記録は、次世代の手戻りを最小限に抑えてくれます。そこに用いる言葉はとても重要ですから、微妙な表現にまでこだわり、大切にしたいものです。

12.2

Theory of IT-Architecture

メタデータをさらに汎化する

メタデータはデータの意味を補足説明する

「メタデータ」はデータを抽象化したものです。つまり、データから具体性を捨象した“残り”と言えます。従業員台帳の例で考えてみると、データとメタデータの関係は、表12-1のように整理されます。

表12-1 従業員台帳の例

《データ》	⇔	《メタデータ》
3765022640	⇔	従業員番号
中山　嘉之	⇔	氏名
1958.11.20	⇔	生年月日
神奈川県横浜市	⇔	住所
1	⇔	性別区分
312	⇔	所属部門コード

氏名、生年月日、住所などは、データを見ただけで何の事か想像がつきます。しかし、従業員番号、所属部門コード、社員区分などは、データを見ただけでは何のことやら見当もつきません。メタデータを添えて初めて、意味のある情報となります(部門コード“312”は、さらにマスタテーブルを参照して、ようやく意味が分かります)。

このようにメタデータとは、データを補足説明するデータです。企業に存在するあらゆるデータを眺めてみると、このメタデータにも類似性を見て取ることができます。

図 12-2 メタデータのさらなる汎化（①ドメイングループ＞②ドメイン＞③メタデータ）

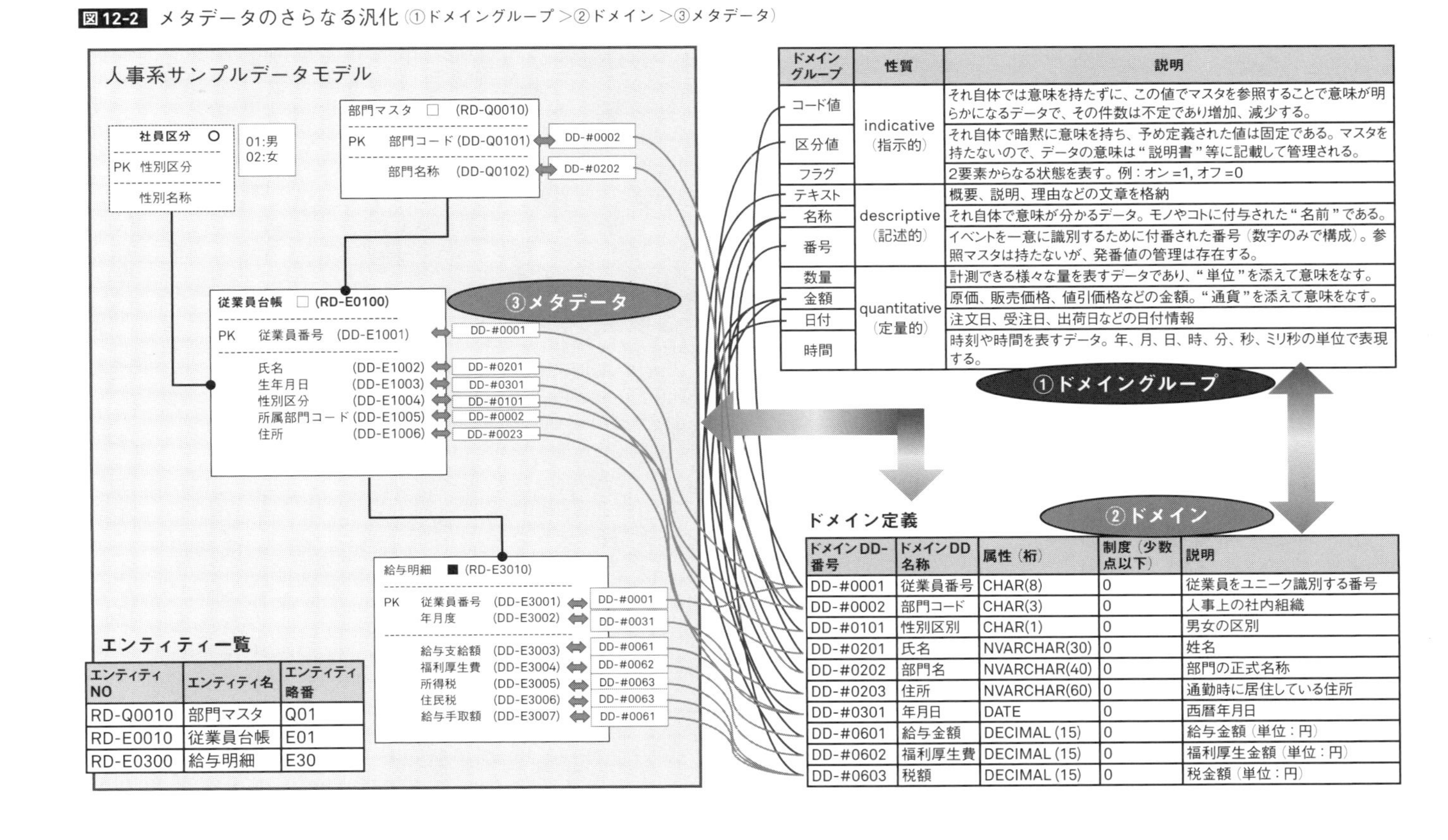

エンティティ一覧

エンティティNO	エンティティ名	エンティティ略番
RD-Q0010	部門マスタ	Q01
RD-E0010	従業員台帳	E01
RD-E0300	給与明細	E30

ドメイングループ	性質	説明
コード値	indicative（指示的）	それ自体では意味を持たずに、この値でマスタを参照することで意味が明らかになるデータで、その件数は不定であり増加、減少する。
区分値		それ自体で暗黙に意味を持ち、予め定義された値は固定である。マスタを持たないので、データの意味は“説明書”等に記載して管理される。
フラグ		2要素からなる状態を表す。例：オン=1, オフ=0
テキスト	descriptive（記述的）	概要、説明、理由などの文章を格納
名称		それ自体で意味が分かるデータ。モノやコトに付与された“名前”である。
番号		イベントを一意に識別するために付番された番号（数字のみで構成）。参照マスタは持たないが、発番値の管理は存在する。
数量	quantitative（定量的）	計測できる様々な量を表すデータであり、“単位”を添えて意味をなす。
金額		原価、販売価格、値引価格などの金額。“通貨”を添えて意味をなす。
日付		注文日、受注日、出荷日などの日付情報
時間		時刻や時間を表すデータ。年、月、日、時、分、秒、ミリ秒の単位で表現する。

ドメイン定義

ドメインDD-番号	ドメインDD名称	属性（桁）	制度（少数点以下）	説明
DD-#0001	従業員番号	CHAR(8)	0	従業員をユニーク識別する番号
DD-#0002	部門コード	CHAR(3)	0	人事上の社内組織
DD-#0101	性別区別	CHAR(1)	0	男女の区別
DD-#0201	氏名	NVARCHAR(30)	0	姓名
DD-#0202	部門名	NVARCHAR(40)	0	部門の正式名称
DD-#0203	住所	NVARCHAR(60)	0	通勤時に居住している住所
DD-#0301	年月日	DATE	0	西暦年月日
DD-#0601	給与金額	DECIMAL (15)	0	給与金額（単位：円）
DD-#0602	福利厚生費	DECIMAL (15)	0	福利厚生金額（単位：円）
DD-#0603	税額	DECIMAL (15)	0	税金額（単位：円）

メタデータをドメインに分類して汎化

図12-2の左側は、従業員台帳と給与明細の簡易な人事系サンプルデータモデルです。四角で囲われたエンティティの中身は、メタデータで記述されています。ちなみに、メタデータ名の右側に( )書きで記されたDD-XnnNNは、メタデータを完全にユニークに識別するために番号付けしたものであり、エンティティ略番Xnnに紐付いて付番されています。

このデータモデル上に記載されたメタデータを、それが所属するエンティティを意識せずに、データの型、桁数、および原始的な意味が同一のものを「ドメイン」として括り出してみます。図の右下には、DD-#mmmmで付番されたドメイン定義が記載されており、左側のエンティティ定義内のメタデータと全て関連付けられています。エンティティ内メタデータと、ドメインデータの関係はN:1になり、その比率は全社規模のデータモデルの場合には10対1を上回ります(このサンプルモデルは極めて狭い領域なので、2対1にもなっていませんが…)。

ここで少し補足説明しておきます。ドメインとして括る条件のうち、型や桁数といったデータ形式の同一性は分かりやすいのですが、「原始的意味」の同一性となると厄介です。数量や金額のドメインが典型的でしょう。データ型と桁数は、数量も金額も社内一律に決められていたりするので、残る意味の同一性が分類基準となるのですが、これがいささか決め手に欠くのです。

このサンプルの例でも給与金額、福利厚生費、税額の三者のドメインを分けていますが、グルーピングの基準が曖昧なので、「金額」一本のドメインとしても間違いとは言い切れません。ここには絶対的な解はありません。将来、モデル化の対象領域が広がり、様々なメタデータが増えた際に、グループが分かれていることで「管理性が高まるかどうか」の観点で、決めるのがよいでしょう。

ドメイングループで型の“ゆらぎ”を抑える

ここまでで、メタデータをドメインによって汎化することができました。ドメインからメタデータへと、データ型、桁数が継承され、設計品質が向上することは間違いありませんが、さらなるもう一段上位の汎化ができないかを考えてみます。

図12-2の右上を見てください。「ドメイングループ」なるものが記載されています。企

業内のデータが、そもそもどのように大きく分類できるかとの観点から、「コード値、区分値、名称、テキスト、フラグ、番号、数量、金額、日付、時間」の10種類に分類されています。これらのドメイングループでは、データ型を統一でき、グループの初期値を継承することで、配下のドメインのデータ型の“ゆらぎ”をなくすことができます。

このように、データの特性は上位から順に継承されますが、初めてこのドメインツリーを作成する際は、ボトムアップ(汎化)とトップダウン(検証)を繰り返しながら進めて行くとよいでしょう。そして、ひとたび自社の確固たるドメインが出来上がってしまえば、新たな領域のシステムを追加する際、極めて容易に既存のドメインをマッピングできます。

以上、データをどのように抽象的に捉えれば、企業の情報管理環境が整理されるかを述べました。ポイントは「ドメイングループ⇔ドメイン⇔メタデータ⇔データ」の系譜をたどり、各々の「汎化⇔特化」の階層関係が理路整然と整理されることです。さらに付け加えるなら、階層定義されたモデルが、裾広がりに美しくバランスが取れていることでしょう。これらの定義体を格納するデータベースこそが、リポジトリなのです。

リポジトリを作る・入門編

それでは、メタデータの入れ物であるリポジトリを作ってみましょう。途端に「そんな難しそうなこと、よほどのマニアでもない限り、ユーザ企業には関係ないのでは？」と思う方も多いでしょう。心配ご無用。なぜなら、ここで作るのは、プログラムの自動生成を目的とするような本格的なリポジトリではありません。「情報資源管理」だけを目的とした、簡単なメタデータの格納庫のデザインにとどめるからです（と言っても、小さなデータベースシステムではあります）。

メタデータの階層構造をモデル化

図12-3を見てください。図の左側は「レコード⇒データ⇒ドメイン」という階層構造のメタデータを、どのようにメタデータモデル化するかを表わしています。また、レコードとデータの関係はN:Mなので、そこには「レコードレイアウト」というエンティティが介在しています。

図の右側には、このメタデータのデータモデルをさらに分かりやすくするために、各部門の従業員台帳と給与明細といったアプリケーションのデータモデルを、メタデータのIDを添えて載せました。さらに図の下段は、サンプルアプリケーションにおけるレコード定義、レコードレイアウト定義、データ定義、ドメイン定義のインスタンス（実際のデータ値）の例です（レコードレイアウト定義とデータ定義は部門マスタのみ掲載し、他は省略）。

レコード定義から始める

作成順としては、レコード定義を格納する入れ物を最初に作成します。レコードをユニークに識別するために「RD番号」（RD-XXnnn）というプライマリキーを創設します。メタデータモデルでもアプリモデルと同様に、レコード1件ごとを識別するID（キー）を付与しなければなりません。最低限ユニークでさえあればよいのですが、発番のしやすさと見た目の分かりやすさから［システム番号XX＋連番nnn］にしておく等の工夫が必要です（図の例でXXは、E1: 人事基本、E3: 給与計算、Q1 基本マスタ管理です）。

先頭のRD-はRecord Description（レコード定義）の略で、DD-Data Description（データ定義）と同様に、一目で何の定義かが分かるように付与しています。そして属性には、レ

図12-3 サンプル・メタデータモデル（P.095 図5-3のURLを参照してください。）

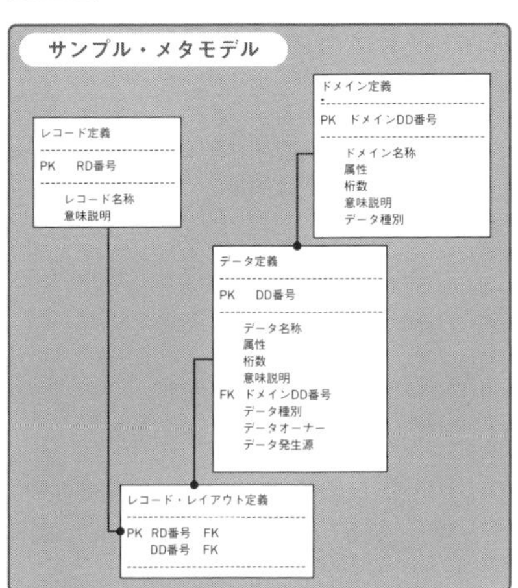

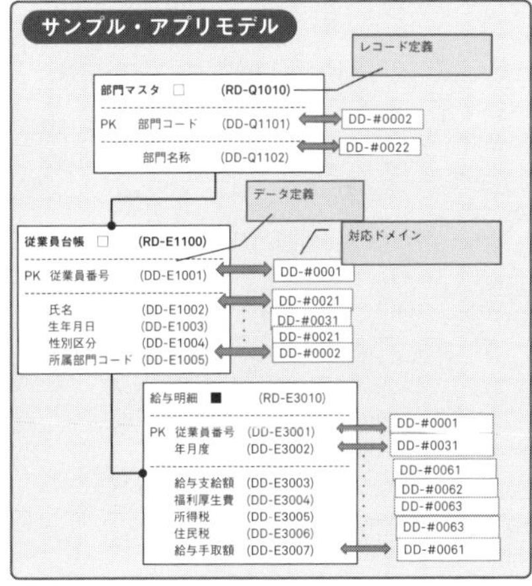

レコード一覧

RD-Q1010	部門マスタ	社内組織（部、課、係）の名称、階層を表すレコード
RD-E1100	従業員台帳	従業員の基本情報を格納したレコード
RD-E3010	給与明細	給与の内訳を格納したレコード

レコードレイアウト定義・データ定義

RD-Q1010	DD-Q1101	部門コード	DD-#0002	CHAR(2)
	DD-Q1102	部門名称	DD-#0022	NVARCHAR（40）

ドメイン定義

DD-#0001	従業員番号	CHAR(8)	当社で給与を支払っている社員
DD-#0002	部門コード	CHAR(2)	人事上の社内組織
DD-#0021	性別区分	CHAR(1)	男女の区分
DD-#0021	従業員名	NVARCHAR(30)	従業員の姓名
DD-#0022	部門名	NVARCHAR(40)	部門の正式名称
DD-#0031	年月日	DATE	西暦年月日
DD-#0061	給与金額	DECIMAL（13）	給与金額（単位：円）
DD-#0062	福利厚生費	DECIMAL（13）	福利厚生金額（単位：円）
DD-#0063	税額	DECIMAL（13）	税金額（単位：円）

コード名称やレコードの意味説明を格納します。さらには、レコードの構成要素としてのデータ定義も属性に入れたいところですが、保有データ個数が不定なので、ここは第一正規形の「繰り返し項目の排除」に則ることにします。すなわち、"RD番号 and DD番号"(RD-XXnnn and DD-XXnnn)をプライマリキーに持ち、「レコードレイアウト」と命名された別エンティティを切り出すことにします。

データ定義とドメイン定義

次に、データ定義の入れ物を作ります。プライマリキーは先ほどのDD番号(DD-XXnnn)とし、属性にはデータの名称、意味説明、データ型、桁、データ種別(コード、区分、数量、日付)、データオーナー、データ発生源そして対応ドメインなどが格納されます(これら属性定義の書き方については、本章の12.1節を参照してください)。

データの形式(型、桁)と、原始的意味は、このドメインで決定付けられます。例えば、従業員マスタのキーである従業員コードも、給与明細上のそれも、「従業員コード」というドメインの形式や原始的意味を継承するのです。

通常はデータ定義を格納する前に、ドメイン定義を作成しておくことが好ましいでしょう。但し、このデータ定義作業をはじめて行う場合には、個別データ定義を進めてみないと共通項のドメインが見出せないこともあるので、最初はデータ定義とドメイン定義を並行して進め、ある地点からドメインを先に整理した上で、個別のデータ定義にまわることをお勧めします。ドメイン定義のプライマリキーの表記は、通常のデータ定義と区別するために、DD-"#"nnnnとします。属性にはデータ定義と同様に、ドメインデータ名称、意味説明、データ型、桁、データ種別(コード、区分、数量、日付)を格納します。なお、ドメインを継承した個別データ定義の側では、これらの属性定義を省略しても大丈夫です。

以上、リポジトリ作成の入門編としては、上記のレコード定義、データ定義、レコードレイアウト定義、ドメイン定義という、メタデータを格納する4つのエンティティからなるデータモデルから、スモールスタートすることを推奨します。

リポジトリを作る・拡張編

前節の入門編に続き、もう少し範囲を拡張してみましょう。本節で紹介するメタモデルは、1982年に筆者がユーザ企業の情報システム部門に転籍した後、最初に手がけたプロジェクトで用いたものとほぼ同じです。そして30数年経っても、企業システムの論理的なデータコンポーネントは変わっていません。このメタモデルを用いて、全基幹系システムのメタデータを、同僚たちと一緒に日夜登録したことを昨日のように思い出します。

ファイル定義を追加

次ページの図12-4はメタデータモデルの拡張版です。この図では、新たに追加した3つのエンティティの背景色を塗りつぶしました。前節のモデルと比べてください。

まずはレコード定義と1:Nの関係にあるファイル（物理テーブル）定義を加えてみます。ファイル定義は、FD-XXnnn（FD:File Description、XX: アプリ番号、nnn: 連番）を主キーとして、テーブル名称、意味説明などの属性を保持します。レコード（エンティティ）との関係は、ファイル定義側の属性にRD番号を外部キーとして保有し、その関係性を定義します。また、図では、この後で登場する画面定義・帳票レコード定義と区別して、前節（入門編）のレコード定義を汎化概念テーブルとして点線で表記し、新たにDBレコード定義として特化サブタイプテーブルを表記し、これにファイル定義を連携させています。これで、ドメイン定義の変更がテーブル変更に及ぼす影響を分析できるようになります。

入出力画面定義の追加

次に、データの集合体としてのインプット画面、アウトプット画面・帳票の定義を加

図12-4 メタデータモデル(拡張編)

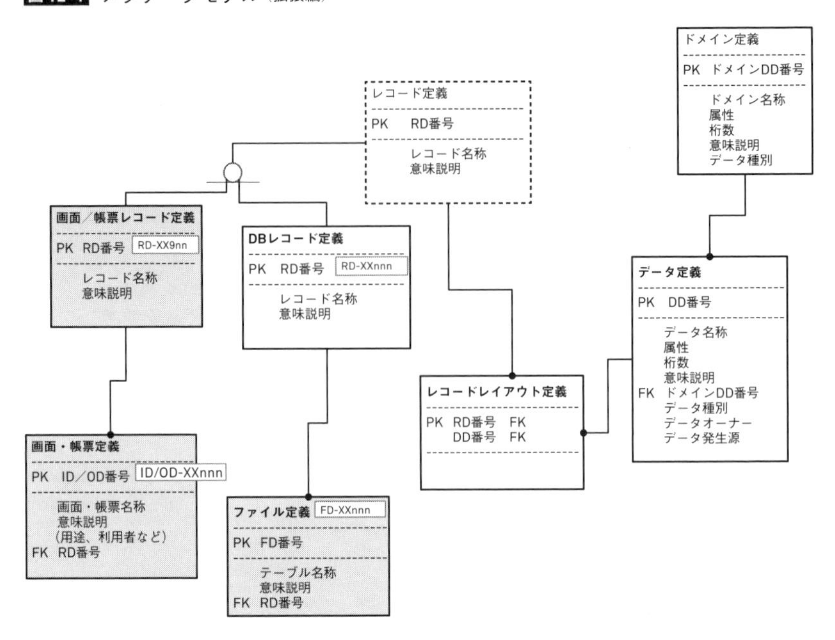

えてみましょう。主キーはID/OD-XXnnn(略 ID:Input Description、OD:Output Description)で、属性には画面や帳票の用途や利用者などの意味とともに、画面や帳票に用いる仮想レコードのRD番号を定義します。この仮想レコードは、データベースの(複数テーブルからなる)ビューや、複数テーブルをジョイン(結合)したテンポラリなスキーマをもとに実装されます。いわゆるUI(User Interface)の定義ですが、ここでは画面操作の部品は無視して、データに関する部品のみに着目します。余談ですが、昨今はユーザビリティにとらわれるあまり、この基本的なデータ操作をないがしろにするSEを多く見かけます 。そのことが少なからず、後工程での揺り戻しの原因となっています。

画面・帳票の部品となるデータは、仮想的な画面・帳票レコード(外部スキーマ)を経由して、1:Nの関係で物理的な画面や帳票につながります。よって、まず画面・帳票レコードを定義する必要があります。ここでは画面や帳票の「明細行」に着目して外部スキーマを抽出します。このレコード定義の登録では、一般のエンティティと区別するために、主キーをRD-XX9nn(連番nnnの先頭桁を9)とする等の工夫が望まれます。このレコード定義の属性には、XXXX画面明細レコードなどのレコード名称を登録します。そしてデータ部品との関係は、DBのデータ項目の場合と同様にレコードレイアウト定義を用いて、外部スキーマの要素データを「縦持ち」に登録します。これにより、先ほどの画面・帳票レコードとN:1で紐付けされます。

データ部品定義は要件定義の段階で

ここまでで、原始的ドメインデータから始まり、「情報」としての付加価値を備えたアウトプットに至るまで、基本的なデータ部品の関係を整理することができました。システム設計においては、できるだけ早い段階で、このデータのトレーサビリティを確立しておきましょう。そうすれば、残るはデータ間を繋ぐ加工ロジック（加工のないものは単なるマッピング）を詰めていけばよいことになり、こちらがもう一方の「プロセス部品定義」ということになります。筆者はこの一連のデータ部品定義を、要件定義工程で行う事を推奨します。これがDOA（Data Oriented Approach）の基本セオリーです。

モックアップや本物の画面（データはいい加減なもの）を、1日も早くユーザに見せて、承認を取ることも大事でしょう。しかし、それと並行してデータ設計を行うことが、後工程での「やり直し」を防ぐ最も確実な方法です。ウォータフォール型開発における基本設計以降のアウトソースが一般的な今日、ビジネスを熟知している社員が関与できる要件定義工程で行うことが、何よりの品質保証となります。速い段階からモノ作りに入るアジャイル型開発でも、要件定義工程まではウォータフォール手法で、DBの論理設計までを行い、それ以降の設計・開発・テスト工程にアジャイルを適用すればよいでしょう。DB物理設計は、イテレーション（反復型開発）の中で十分に賄う（まかな）ことができるでしょう。

リポジトリを作る・最終形

本節では、前節のリポジトリ拡張編にさらに手を加えて、企業のメタデータモデルの最終形を完成させてみます。そしてこのメタデータモデルをベースに、情報資源管理のための「ユーザビュー」を導いてみたいのです。ちなみに、これらのビューによってシステムを可視化することは、ブラックボックス化したシステムを抱える大企業が真っ先にやるべきことです。リポジトリの副次的な目的であるプログラムの自動生成は、ひとまず研究者に任せることにしましょう。

プロセス部品を追加

まずは、データ部品からなるメタモデルにプロセス部品を追加してみます。図12-5の上部を見てください。図の右側に、新たなプロセス部品として、3つのエンティティを追加しました。これらを簡潔に説明します。システム定義エンティティは、文字通り「システム」についての記述を格納します。生産管理、販売管理、物流、会計、営業支援といった大きな業務システム分類がこれに相当します。サブシステム定義は、上記のシステム定義を機能分割したもので、例えば生産管理システムにおける日程計画サブシステム、製造実績計上サブシステムや、販売管理システムにおける受発注入力サブシステム、入出荷サブシステム等が相当します。

システム定義エンティティの主キーは、SY-XX（SY:SYSTEMの略、XX:システム番号）で表記します。XXは生産管理:A1、販売管理:B1、物流:C1という具合に英数2桁を組合せるとよいでしょう。サブシステム定義エンティティの主キーは、SS-XXNN（SS:SUB-SYSTEMの略、XXNN:サブシステム番号）で表記します。XXNNは日程計画:A101、製造実績計上:A102という具合になります。そして、サブシステム定義内のシステム番号（外部キー）で、システム定義とN:1で関係付けられています。

話は少しそれますが、本章で度々登場する主キーの番号表記が、やけに煩わしいと思う方も多いでしょう。筆者も初めて情報システム部門に配属された時は、この付番作業が何とも無機質で堅苦しく感じましたが、多数のシステムが乱立する今日、この番号なくして識別不可能です。にもかかわらず、未だに名称や愛称だけで運営している大会社は驚くほどたくさんあります。分業が進み、個々の担当者にとって類似名の識別は、さしたる問題にはならないのでしょうか。縦割りの各システムに横串を通すEAには、ユニークIDが必須なのです。

システム定義とサブシステム定義の追加まで

メタデータモデルに話を戻しましょう。本最終形メタモデルにはシステム、サブシステムの定義を追加しましたが、プロセス部品にはもっと細かい「プログラム」や「ソフト

図12-5 エンタープライズ・メタデータモデル（最終形）

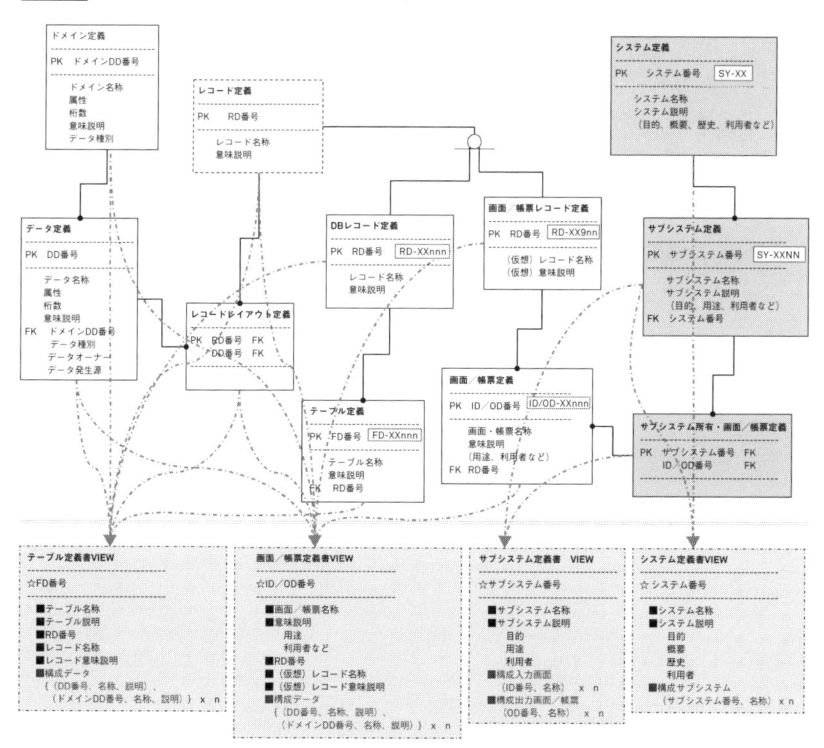

ウェアコンポーネント」といったものがあります。しかし、プログラム言語が多様化した今日、コンポーネントの捉え方は細部になるほど自由度が高く、部品点数も膨大です。そのため、リポジトリの永続的メンテナンスを考えると、サブシステム程度までが現実的です。実際、前職ではプログラム定義のメンテナンスは5年で破綻しました。理想を追求しても、運用できなければ元も子もありません。

活用のためのユーザビュー

完成したメタデータモデルも、活用されて"なんぼ"です。図12-5の下段は左からテーブル定義書、画面／帳票定義書、サブシステム定義書、システム定義書という4つのユーザビューです。いずれも、正規化されたメタデータモデルから、1:1または1:Nの結合により導かれます。図上では、参照するテーブルと一点鎖線で紐づいています。どのビューも、下位コンポーネントを繰り返し項目として横持ちに特化させており、一目で構成要素が分かるようになっています(斜体文字で表示)。システム定義書とサブシステム定義書では、当該システム／サブシステムのインプット、処理プロセス、アウトプット(すなわちI-P-O)の概要記述を見ることができます。画面／帳票定義書、テーブル定義書では、構成要素である各データとドメインの説明記述を見ることができます。

企業システムは大規模になるほどブラックボックス化が顕著です。そのシステムを説明するには、人海戦術ではなく、そのためのシステムを用意するほかありません。そして、ムダのない説明をするためには、システム部品(メタデータ)を正規化したモデルが必要です。よって、脚色を施した説明資料を用意する前に、このメタデータモデルに基づくリポジトリの作成が必須となります。

「複雑系システムにおいては、それ自体を説明する(リポジトリ)システムを保有しなければならない」――このこともITアーキテクチャにおける重要なセオリーの1つです。

情報資源と開発資産

リポジトリは、情報システムのあらゆる仕様を格納したデータベースですが、目的の違いによっていくつかの種類があります。

図12-6は、企業システムにおける二種類のリポジトリ・メタモデルです。上部は企業内情報を構成する比較的大きな論理部品のメタモデル、下部はシステムを構成する精緻な物理部品のメタモデルです。前者は企業の情報資源管理を目的とし、各部品間での関係付けをたどって変更時の波及状況等を知ることができます。後者はITコンポーネント管理によるシステムのメンテナンスが目的で、必然的に物理的な実装環境

図12-6 2種類のリポジトリとその関連

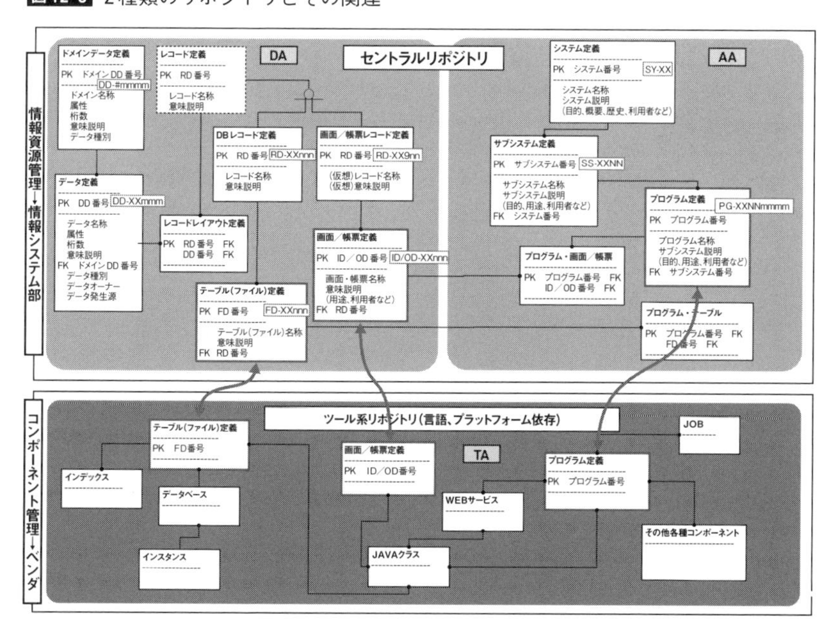

に依存します。

論理資産は情シス、物理資産はベンダの管理に

両者は目的も粒度も異なるので、自ずと実現手段も違ってきます。前者は1:N関連で理路整然とした正規化モデルとなります。こちらはプラットフォーム非依存なDBシステムが好ましいでしょう。適当なパッケージがなければ、コスト面、永続性の面から自製をお勧めします。後者ではコンポーネント間の関係がN:Mで複雑になりがちです。物理実装に依存するので、ライブラリ管理ツール等のベンダ製品を組み合わせるのがよいでしょう。

また、前者の管理者は情報システム部門、後者の管理はITベンダに委ねるのが妥当です。両者の間は点線矢印で示したように、テーブル、画面／帳票、プログラムという3つの主要部品同士が対応付けられます（通常は手動で関連付けます）。

情報資源管理を担う情報システム部門と、コンポーネント管理を担うITベンダでは、対象となるシステム資産もハッキリ分かれます。大雑把に言えば、情報システム部門はDAとAA中心、ITベンダはTA中心でしょう。大規模・複雑化した企業システムで両者をゴチャ混ぜにとすると、訳が分からなくなって管理できません。たとえシステム運営を全てインソースまたはアウトソースしたとしても、論理的／物理的な両者の資産は、明確に別物として扱わねばなりません。

本節では、ビッグデータ時代を迎えて今一度、企業内情報システム部門の役割と、管理対象物を再定義してみました。システムが小規模なうちは、論理・物理どちらの構造も自社で管理できていたかもしれません。しかしここまで大規模になった今日では、社内情報システムは論理構造の管理に専念し、物理構造はベンダサービスに委ねる方が賢明です。さらに、ビッグデータとして非構造化データがスコープに加わり、情報資源管理は一層難しくなっています。データを形式知化するために、メタデータ管理はこれまで以上に重要となっています。

第13章

ゆるやかなシステム移行

「システム移行」といえば、かつては旧システムから新システムへ切り替える際の、一時的な暫定作業を指す場合が多かったと思います。しかし、今日の基幹系システムは規模拡大が著しく、ビッグバン移行がハイリスクであることから、長期間に渡り小刻みな移行を継続的に実施せざるを得なくなりました。本章では、第Ⅲ部で紹介したデータHUBを活用して、大規模レガシーシステムを最小のリスクで移行する方式を説明します。この方式は、従来の「移行」の概念を越え、新システムの増改築を日常化することを可能にします。大都市における再開発の如く、年月をかけて徐々にモダナイズするという極めて現実的なソリューションです。

Theory of IT-Architecture

マスタHUBで システムを浄化する

近年の複雑化した企業システムは、例外なく「汚れたマスタデータ環境」を抱えています。それを少しずつ浄化する移行方法とは、どのようなものでしょうか。ズバリその解は「マスタデータHUB」(マスタHUBと略)の構築により、スパゲティ&サイロ状態を徐々に解消することです。これはセオリーの中のセオリーと言えます。

共有度の高いマスタをHUBに切り出す

仕掛けはいたって簡単です。無秩序に散乱したマスタ群の中から、共有度合の高いものを選別し、これをHUB上に切り出して一元管理します。そのHUBから、マスタを利用する周辺システムに配信&同期することです。

このマイグレーションの特徴は、一気に最終形に持ってゆくのではなく、「移行リスクの最小化」を念頭に置きつつ、徐々に綺麗にして行くところにあります。図に従って順に説明します。

図13-1は、システム1からシステム6が段階的に構築される過程で、Aマスタ、Bマスタ、Cマスタが無造作にコピーされ(一点鎖線の矢印)、結果としてシステム全体がスパゲティ状態になる様を表しています(図中、外枠が実線のマスタは正本、点線は複写です)。途中で、システム3やシステム5のように既存マスタがコピーされず、ローカルメンテ扱いになってしまったサイロ化現象も出現しています。僅か3種類のマスタでもこの有様ですから、現実の企業システムの状態は推して知るべしでしょう。

さて、ここから治療に入って行きます。この状況を打開するため、図13-2のように中央にマスタHUBを配備して、共用性の高いマスタから順に、HUB上に正本を移していきます。マスタデータの発生源であるシステムから更新トランザクションを受信したら、正本マスタを更新します(太い実線矢印)。なお、この図では省略しましたが、データの発生

図13-1 マスタHUBによるスパゲティ＆サイロの解消 ①

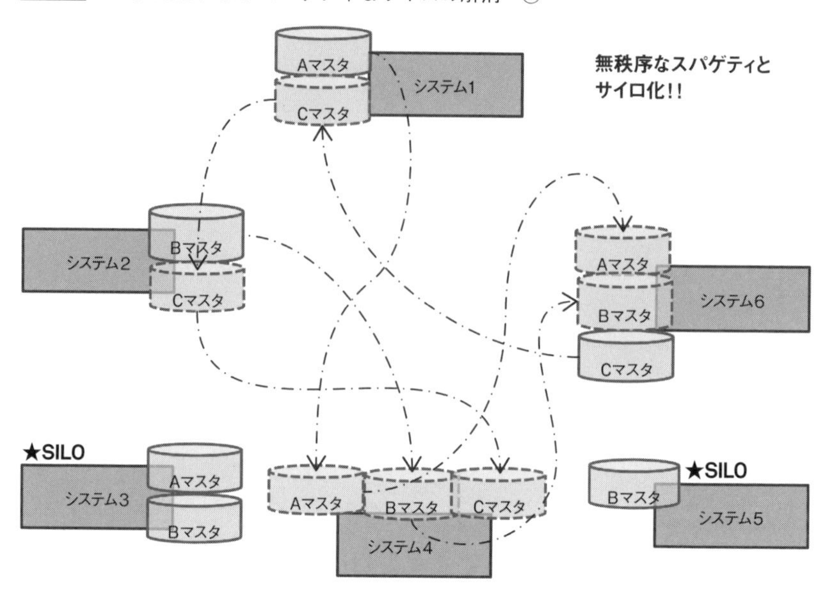

源が他システムではなく、HUB直結のエントリー画面であるケースもあるでしょう。

周辺システムへマスタを配信・同期

次に、この正本マスタを、要請のある周辺システムに配信して、正本のマスタと同期させます（太い点線矢印）。同期方法には、DBMSのレプリケーション機能を用いる方法と、差分データを転送して周辺システム側でマスタ更新を行う方法の2種類があります。前者は「密結合型」、後者は「疎結合型」の同期と言えるでしょう。

ここで1つ重要なことに触れておきます。HUB経由でのマスタデータ同期に切り替わった段階でのことです。従来のエンド・ツー・エンドでのマスターコピー経路（細い一点鎖線矢印）は削除できますが、あえて残しておけば、マスタHUB構築プロジェクトのリスクヘッジとして機能します。また、この従来の経路は、HUB構築時の現新比較テストでも、大活躍することになります。

1つのマスタの移行が終了したら、次のマスタに着手して同様のことを行います。周辺システムの要請が高いものから順に、1つずつ着手から終了までを繰り返します。このプロジェクトの完了は、広義では、全ての共通マスタがHUB上に載って運営される

図13-2 マスタHUBによるスパゲティ＆サイロの解消 ②

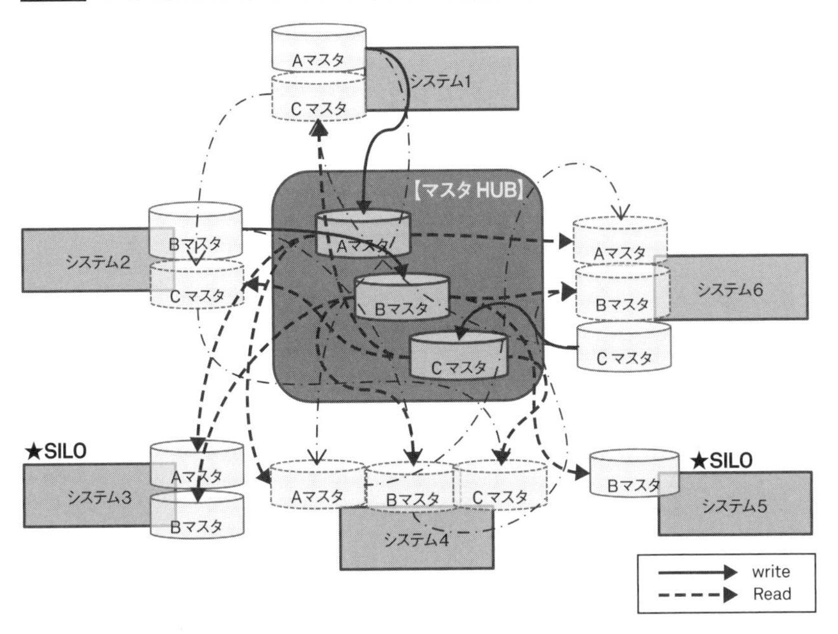

図13-3 マスタHUBによるスパゲティ＆サイロの解消 ③

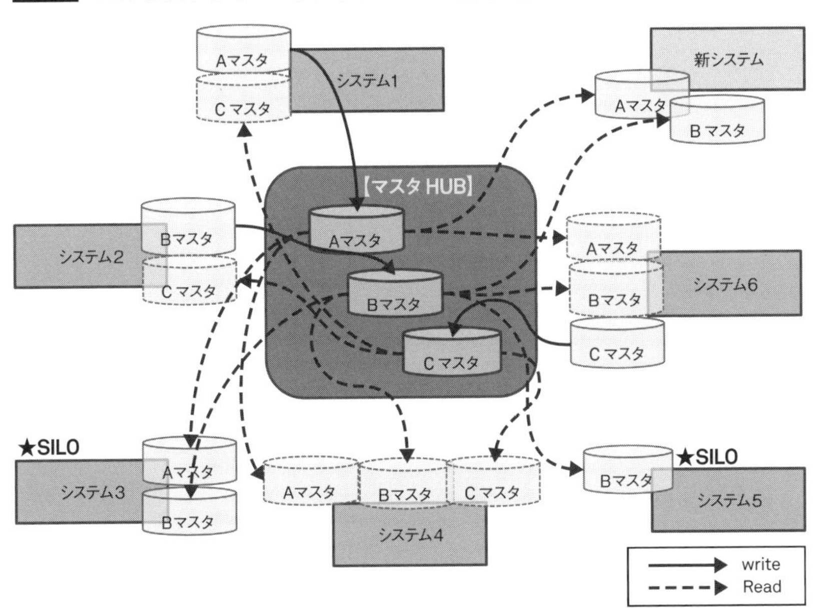

状態を指します。しかし狭義では、最初に手掛けたマスタの集配信環境が完成したときです。そして、より多くの共通マスタがHUB上に配備されているほど、新システムの開発時には、マスタHUBからのリンクを始点にしてスタートできるので、大幅な工数削減が見込めるでしょう。図13-3がその完成形です。

マスタは必ずHUBから取得させる

いいことずくめのようですが、唯一、運用上の注意事項があります。それは、マスタHUBの存在をないがしろにして、データ発生源のシステムから直接インタフェースしてしまう事です。「え？だってHUBがあるのにありえない！」と思うかもしれませんが、多くの開発案件や保守案件が同時並行で走っている現場では、十分に起こり得ます。

ベンダ丸投げ開発やシステムの緊急保守時にこれが発生し、徐々にシステムを蝕んでいきます。「産地直送」がどうしても必要な時は、しかるべき承認を得るというルールが不可欠です。再び汚れたシステムに戻らないために、です。以後このルールは、社内で遵守すべき大切な「アーキテクチャポリシー」となるのです。「マスタデータはマスタHUBから取得すべし」というセオリー、「緊急避難的にローカルでメンテする場合は、承認手続きを経るべし」というセオリーを遵守しましょう。

マスタHUBによる「マスタデータ環境浄化のセオリー」は以上です。巨大化、複雑化した昨今の企業システムにおいて「緩やかな移行」は、事業継続性維持やエコの観点からも必須要件です。

13.2

Theory of IT-Architecture

TR-HUBで基幹系の順次再構築を

トランザクションデータHUB（TR-HUBと略）の導入過程を振り返ると、あたかも大都市の再開発とそっくりでした。中央に位置するHUBに共有度合の高いデータを格納し、これを利用先の各アプリケーションシステムで疎結合利用するという基本的なメカニズムは、マスタHUBと同じです。しかしTR-HUBは、全社システムの主要イベントデータを対象とするので、効果のスケールが一段大きいと言えます。すなわち、スパゲティ化したデータ連携を整理整頓するだけでなく、企業レベルの基幹系システム全体について段階的な再構築を可能にするという効果です。その意義を見逃して、TR-HUBを

図13-4 TR-HUBによる大規模システム再開発 ①

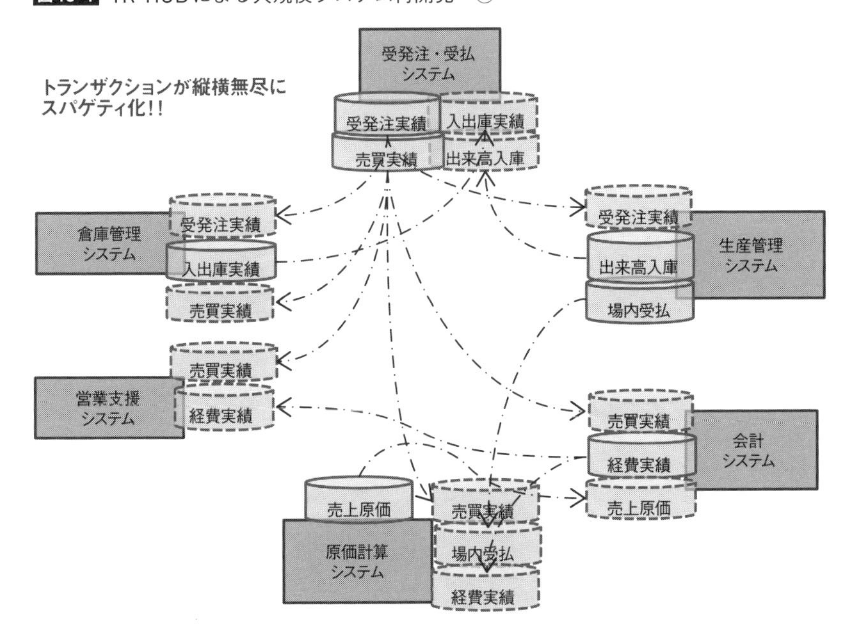

語ることはできません。

スパゲティ状態からTR-DWHの共有へ

TR-HUB導入の過程を図に示しました。最初の図13-4は、各業務アプリケーションで発生するトランザクションが縦横無尽に複写され（一点鎖線）、スパゲティ状態になっています。実線の枠線のテーブルが発生元の正本であり、点線のテーブルが複製を意味します。

次の図13-5は、主要トランザクションがひととおりTR-HUB内で一元管理された状態です。ここに至るまでの過程を、順を追って説明します。

最初に、ターゲッティングされたトランザクションを汎化して、TR-HUB上に「トランザクションDWH（データウェアハウス）」として定義します。次に、発生元システムから新規トランザクションデータを集信した後、TR-HUB上のトランザクションDWHに追加更新します（太線）。

さらに、これを利用する各業務アプリケーションに向けて、先の追加更新とは非同期

図13-5 TR-HUBによる大規模システム再開発　②

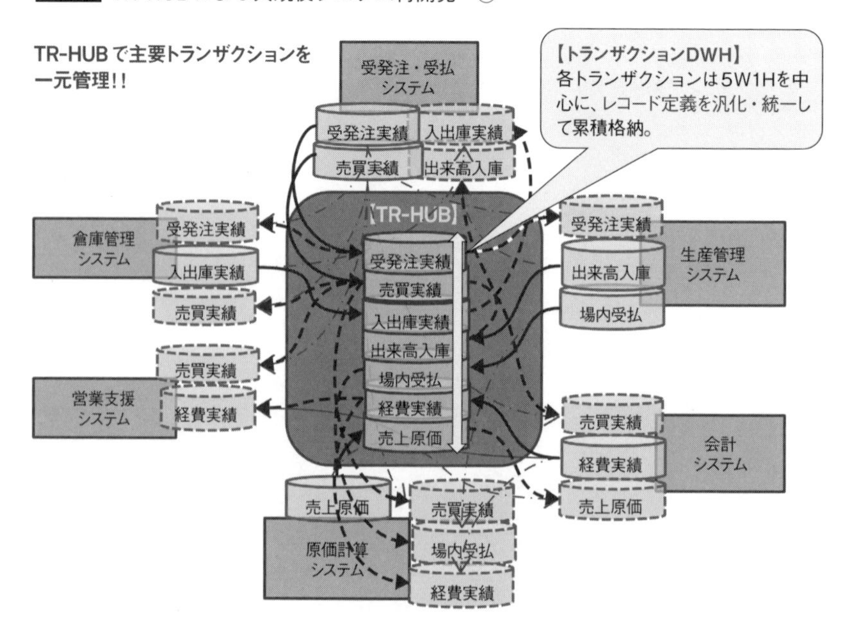

で、要求条件に合致するレコード群をDWHから抽出して配信します(太い点線矢印)。各業務アプリケーション側では、受信したトランザクションを元にローカルDBを更新します。これをトランザクションごとに順次、エンド・ツー・エンドでのデータ連携からTR-HUB経由の同期に切り替えて行きます。すなわち、コピー&ペーストでイベントデータが散らかっている状態から、トランザクションDWHを元に共有(シェア)する形へと、徐々にアーキテクチャを転換していくのです。

ここで注意すべきことは、「あくまでもビジネスの要件が非同期で可能なものかどうか?(例えば物流での出荷と、会計での売上計上など)」を見極めることです。ビジネスが密結合を要求するもの(例えば商品出荷時に在庫数量を減算する等)まで非同期インタフェースにしてしまわないことです。

疎結合アーキへの段階的移行

TR-HUB経由に切り替える順序は、再構築が企画されたシステムが扱う主要トランザクションから始めればよく、それと無関係なトランザクションは後回しで構いません。そして新システムが安定稼働するまでは、図13-5の如く、旧来のエンド・ツー・エンドのインタフェース(一点鎖線矢印)は残しておきます。テスト時の現新比較や、いざという時のバックアップ経路として役立つからです。このようにTR-HUBは、システム移行

図13-6 TR-HUBによる大規模システム再開発 ③

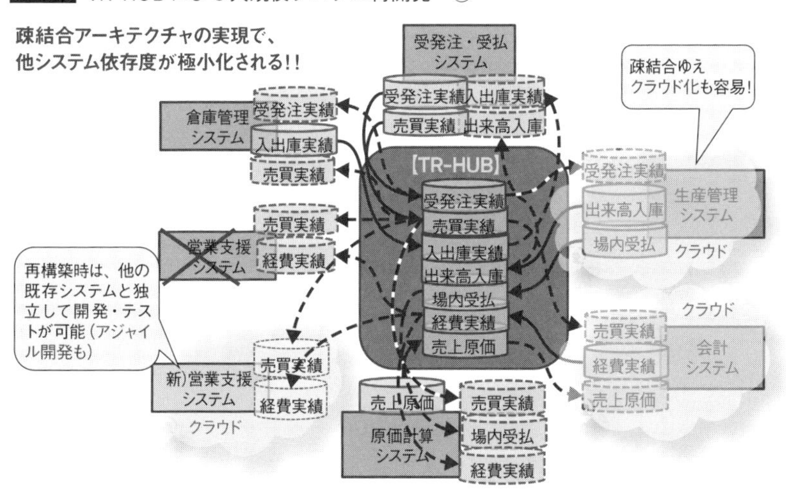

過程における強力なリスクヘッジとなり、あたかも大都市の再開発のごとく緩やかな再構築を可能にしました。

さて、図13-6は完成形です。システムアーキテクチャをこの形へと転換できたあかつきには、疎結合のもたらす多大なメリットを享受できます。既存システムの再構築や、共通トランザクションデータを用いた新システム開発時には、他システムとの依存関係が極小化され、開発作業が極めて独立性の高いものとなります。また、プラットフォームが異なるクラウドサービスも、気軽に利用できるようになります。筆者自身がそうであったように、これまで苦労してきた人ほど、恩恵の大きさに驚くと思います。

ビジネスの要求は時代の要請と深く関係し、これらとともにITアーキテクチャは変化するものです。21世紀の特徴を多様性とグローバル化に集約するなら、かつて「ERPありき」で追い求めたホモジニアスなアーキテクチャでは限界が見えています。是が非でも、ヘテロジニアスなアーキテクチャに移行していく必要があると筆者は考えます。

Theory of IT-Architecture

4ステップでメインフレームを安全撤去

旧いメインフレームやオフコンから離脱できずにいる企業は思いのほか多くあります。その用途は、金融機関の勘定系をはじめとする大手企業の基幹系業務アプリケーションの実行基盤がほとんどです（基幹でなければ、とうにオープン化されています）。「ベンダからの数年先の部品供給も、COBOLエンジニアの確保もできているので、今はそっとしておこう」と考えるCIOも多いでしょう。

それはそれで1つの戦略ですが、希少性による今後のコスト増を考え、10年先を見て今から手を打っておく事を推奨します。なぜなら、その上で稼働するアプリの規模が大きく、短期間でオープン環境に移行するのは難しいからです。ましてや、歴史的経緯からマスタデータの発生源となり、社内外システム間のデータ交換機能を担う“HUB的役割”を担っている場合はなおさらです（通信機能のHUB的役割は、IPネットワークによるオープン化とともに、既にホストから外に出ているケースが多いことは見逃せません）。

本節では、このような状況にあるメインフレームの、撤去に至る道筋をお話しします（オフコンも同様ですが省略します）。幸運にも1990年代後半から2000年代に、ERP導入によるビッグバン・ダウンサイジングを成し遂げた企業であっても、主要なマスタデータがERPにロックインされ、パッケージ製品の置き換えがままならないケースも同類です。以下にダウンサイジングの手順を示しますので、図13-7とともにご覧ください。

4ステップの移行シナリオ

① 最初にやるべきことは、メインフレームが保持している上記HUB機能の外出しです。これをやらない限り、部分的ダウンサイジングを実行しても、データ流通経路としてメインフレームが君臨し続けます。HUB機能の外出しとは、具体的にはマスタHUBやTR-HUBを、オープン環境に作ることです。この段階での共通マ

スタおよび共通トランザクションデータの流れは、「メインフレームまたはオープン系発生元アプリ→HUB→配信先オープン系アプリ」という経路になります。

② オープン系データHUBの環境が整った段階で、次なる施策は、メインフレーム上に残っているマスタ入力システムのオープン環境移行です。これにより共通マ

図13-7 ダウンサイジングのシナリオ

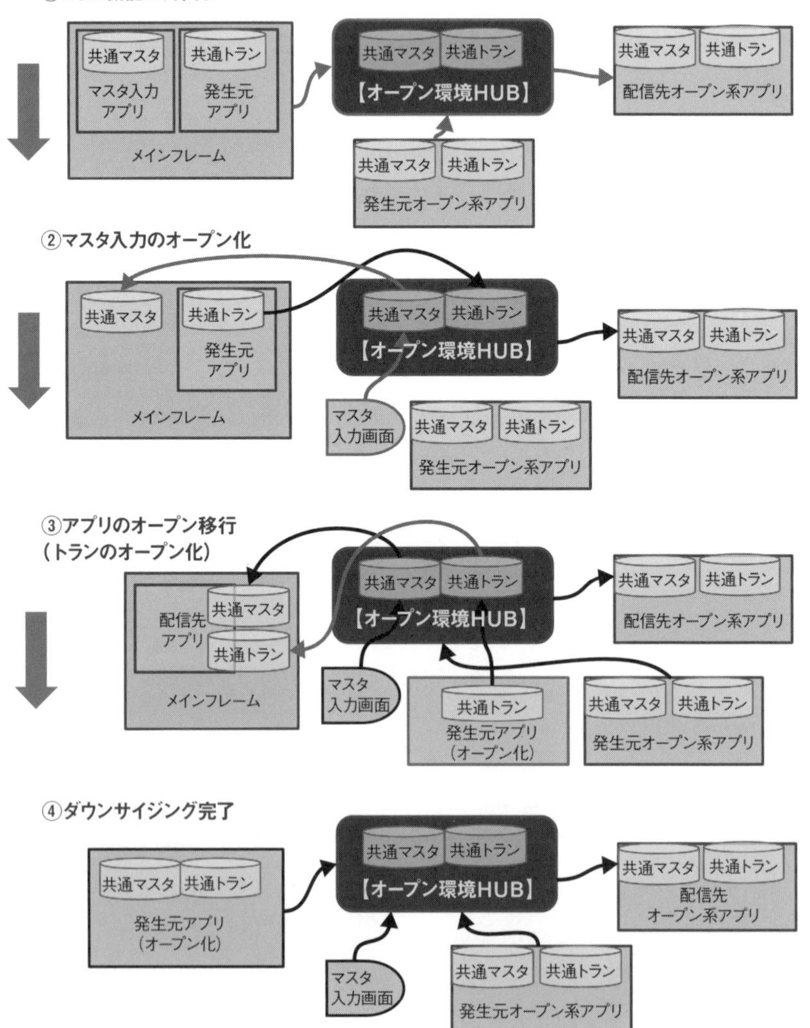

スタデータの流れは全て、「オープン環境→HUB→配信先オープン系アプリ」となり、マスタデータのメインフレーム依存が解消されます。またこの段階で、共通マスタを必要とするメインフレーム上の残存アプリへは、HUB→メインフレームへと逆の流れになります。一方、メインフレーム発の共通トランザクションデータの流れは、依然として「メインフレーム→MDH→オープン系アプリ」という経路です。

③ 上記①②の後、はじめて業務アプリケーションのダウンサイズを実行します。ダウンサイジングには2通りがあります。ひとつはビジネスニーズに基づく「再構築」、もうひとつはオープン系への単純コンバージョンです。優先順位は、前者の再構築が先で、次に（メインフレーム撤去による）コストダウンを前提とした後者が続きます。この2通りのダウンサイジングをミックスさせ、綿密なロードマップを作成します。この段階で重要なことは、あくまで新規アプリのROIが優先であり、ダウンサイズだけを目的としないことです。そして、各種業務アプリを順次オープン系へ移行する過程では、TR-HUBによる「疎結合アーキテクチャ」が移行リスクを担保してくれます。

④ 最終段階では、メインフレーム上に残存する幾つかの小規模バッチシステム群を、まとめてオープン系へ移行する“ミニプロジェクト”を企画実行して、全ての業務アプリのダウンサイジングを終えます。ここでは「メインフレーム撤去」を強く意識します。そして長いあいだ活躍した「ホスト」に別れを告げます（余談ですが、前職では撤去後のマシンのエンブレムを、しばらくオフィスに飾っていました）。

上記は、巨大なレガシーシステムの、無理のないダウンサイジングのセオリーです。この方式は移行リスクを最小化し、緩やかなダウンサイジングを達成すると同時に、企業システムをデータ中心アーキテクチャに変えて行きます。用意周到な計画と、揺るぎないアーキテクチャポリシーが成功要因です。

「時間もかかりそうだし、どうもいろいろ面倒だね」と思う方々には、ビッグバンによる一括ダウンサイジングの敢行を止めはしません。しかし今一度、そのリスクを考えてみてください。IT戦略とは、CIOをはじめとする情報システムの責任者自らが、そのシナリオをきちんと理解し、「勝算アリ」と納得できるものでなければなりません。

13.4

Theory of IT-Architecture

SoRとSoEを同時進行で融合する

エンタープライズデータHUBは、今後のSoRとSoEの両立にも一役買います。第3章の「アプリをSoEとSoRに分ける是非」では、SoE領域を別扱いするあまり、SoR領域とのデータ連携が途切れて、さらなるサイロを生み出す危惧について言及しました。では、この2つの領域のデータは、どのように連携するのがよいでしょうか。

コピペからDB共有への転換

この課題の解決策においても、従来型システムのときと同様に、「コピー&ペーストからDBシェアへのアーキテクチャ転換」というセオリーが活きてきます。無造作に必要なデータをエンド・ツー・エンドでコピー連携したのでは、従来システムで言うところのスパゲティ化は免れません。そこで、共有マスタ、共有トランザクション、およびそれらのメタデータを定義したリポジトリを抱えたエンタープライズデータHUBを介して、SoRとSoEの間を疎結合するのです。

図13-8を見てください。あるユーザ企業では、「基幹系システム（SoR領域）の再構築をひと通り終えないと、その他の領域（情報系を含むSoE領域）に着手してはいけない」と思っています。そのような企業でも、このアーキテクチャを採用すれば、SoRとSoEの同時進行による融合は可能です。確かに、基幹系再構築が全て完了した後に、鮮度と精度の高い全てのデータセットを元にSoEや情報系を構築するのは、いかにもスッキリします。しかしROI（投資対効果）の観点では、SoRの老朽化対応よりも、ビジネス上の価値をもたらすSoE領域の1システムの方を急ぐケースは少なくありません。

このような局面を打開する（アーキテクチャ転換の糸口となる）仕組みが、エンタープライズデータHUBです。基幹系システムの新旧にかかわらず、企業にとって理想 の「共有データモデル」に従って、HUB上に真っ先にエンティティを生成し、それをSoR・SoE

の各システム間で共有する仕掛けを構築するのです。まずは現行レガシーのSoRから取得できる共通データで、かなりの再利用が可能です。

部分的共有から同時進行で順次再構築へ

たとえ現行のSoRからでは捕捉できず、共通DB内の当該部分がNull値となっていても、近い将来エントリーシステムが改善されて、そこにデータが埋まった時点で、他システムでは情報系SoEでの再利用が可能となります。またその逆で、エントリー系SoEで新たに取得された（将来共有すべき）データを、ひとまずHUB上の共通DBに連携しておけば、SoRシステムにそれを読み込む機能が備わった時点で、一気通貫することになります。

図13-8の全社ベースでのアプリケーション・アーキテクチャは、SoR・SoEの個別アプリケーションのユーザビリティはともかく、共通DBのデータがクリーンになりさえすれば、その直後からアプリ間でのデータ共有ができます。すなわち、HUBに疎結合された複数のシステムを同時開発することができるのです。

図13-8 SoRとSoEの融合シナリオ

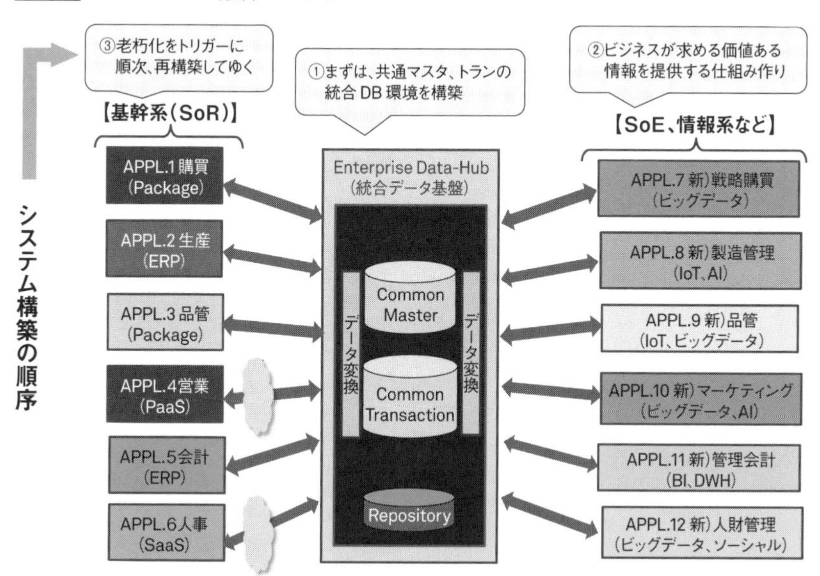

※SoR … System of Record　　SoE … System of Engagement

図の上部の吹き出しは、その順番です。①最初は、データHUB上の共通DBありきです。そして②SoE領域や情報系へも、積極的に取り組みを開始します。その際、現状の共通DBで足りない部分は、個別システム側で補完しても構いません。さらに③基幹系システムの再構築は、老朽化のタイムリミットまでに順次再構築して行く、というシナリオが描けます。ちなみに②と③は同時進行も可能です。

繰り返しになりますが、SoRの重たい再構築が、魅力的なSoE領域のアプリケーション開発の足をひっぱるとしたら、非常に残念です。パラダイムチェンジをもたらすITシーズは積極的に享受すべきです。SoR領域に完璧を期す必要はありません。その代わり、早くSoE等の新領域に着手して、新たな気づきを得ましょう。

喩えて言えば、「教科書の内容に腑に落ちない箇所があるからといって、次のページをめくらない生真面目さ」でしょうか。進化の速いITの世界でそんなこだわりは、邪魔もの以外の何物でもありません。可能な限りコンカレントに、アジャイルに、何事にもチャレンジしましょう。それができるITアーキテクチャを指向することが得策です。

グローバル情報共有を実現する

企業情報システムの最終課題は、行きつくところ「グローバルでの情報共有化へ、どのように移行していくか？」にあります。第8章ではグローバルシステムの概要に言及しましたが、本節では、データ蓄積および連携アーキテクチャの具体例を示します。そして、グローバル情報共有モデルの、自律分散型での早期完成シナリオを説明します。

データ共有自体が目的ではない

さて、グローバルでの情報共有を具体化するとなれば、まずはどのサイトとどのサイトが、どんなデータを共有するかを定義することになります。企業の組織階層を「グローバル⇒リージョン⇒カンパニー」の3階層と仮り置きした場合、組織間の情報共有は図13-9のモデルで表すことができます。なお、図中の共有データは、基幹系の構造化データに限定して描きました。

グローバル企業における広域の情報共有では、同列の組織階層の情報を束ねて、1つ上の階層が把握管理するという形態がとられます。つまり、上位組織が必要とする情報は1つ下位組織のサマリであり、階層を飛び越えてさらに下位層の情報を直接アクセスすることは、「例外的情報伝達ルート」と位置付けます。高度情報化社会では、個々人の情報リテラシーに委ねたネットワーク型のN:M情報共有モデルももちろんあり得ますが、大規模組織におけるオフィシャルな情報共有には、未だ一定のルールが必要です。

マスタのダウンフローとTRのアップフロー

基幹系システムで取扱うデータを分類すると、「マスタデータ」と「トランザクションデータ」に大きく二分されます。前者に関しては、ダウンフローでのマスタ共有が行われます（発生源はグローバル本社、リージョン本社、カンパニー本社の3パターンがあります）。しかし、

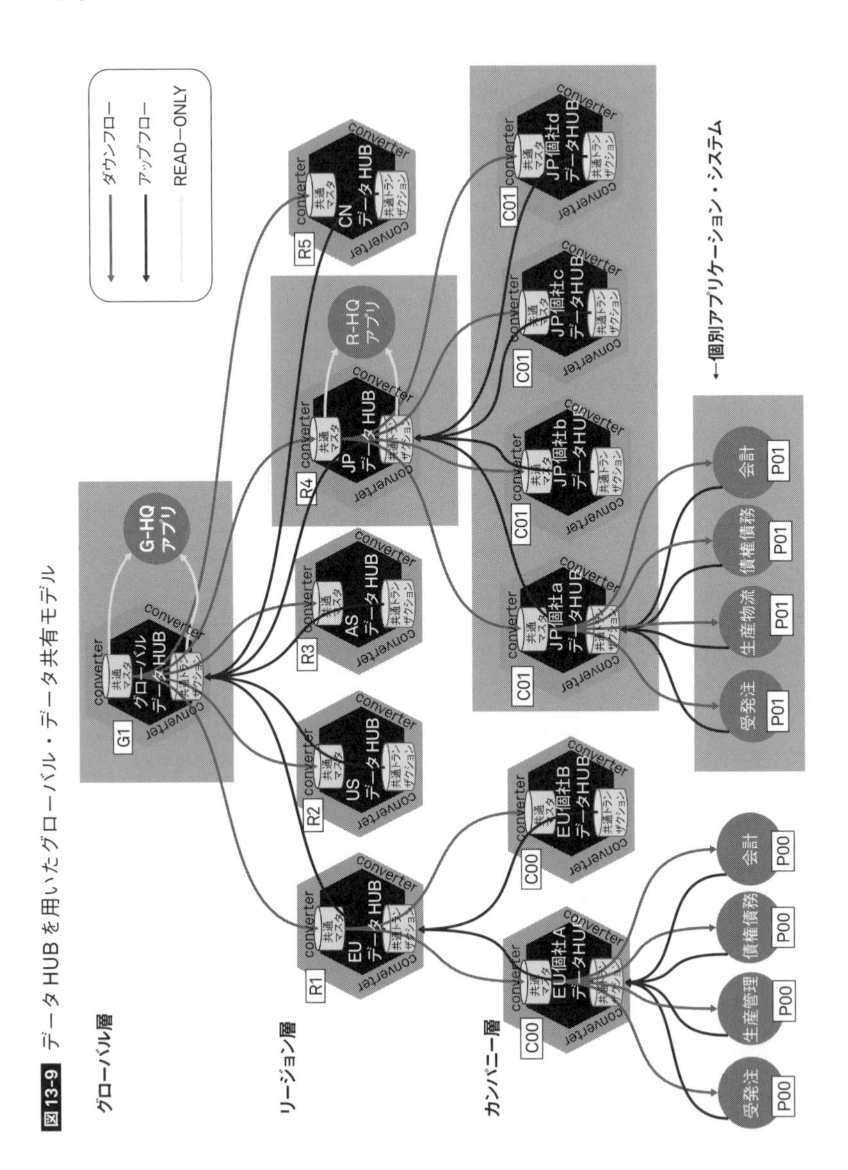

図13-9 データHUBを用いたグローバル・データ共有モデル

マスタの共有自体が目的なのではありません。やりたいことは、グローバル本社、リージョン本社、カンパニー本社がそれぞれの立場で、システムを用いて戦略立案ができるようにすることです。したがって、「それぞれの戦略立案で、どんな情報が必要になるか？」を調査し定義することが最初です。

調査を行うと、マーケティングに必要な製品別・取引先別・地域別売上実績や、サプライチェーンプランニングに必要な製品別・拠点別在庫数量、工場別・製品別製造実績数量といった実績データが浮上してきます。そしてこれらの実績集計データを得るには、取引実績明細すなわちイベントトランザクションデータと、集計キーとしての製品コード、取引先コード、拠点コード等が必要になることが分かります。また、集計キーに加えて、製品や取引先をカテゴライズおよび分析するための「区分コード」も戦略立案には欠かせません。共通マスタデータがここで必要となります。集計キーや分析軸となる区分コードは、その意味（範囲や粒度）やコード体系（型、桁）が揃っていなければなりません。これらのコードは最低限、1つの上位組織で束ねるべき下位層の組織間で統一されていなければなりません。

上記の理由から、トランザクションデータの共有が必要となることは分かります。しかしここでの共有は、マスタのようなダウンフロー型の共有ではありません。上位組織で下位層のイベントデータを集めて集計する、「アップフロー型」になります。

なお、ここでのトランザクションデータは、「xxx別yyy別売上集計」といった単一目的のためであれば、集計結果だけを上位組織にアップすればよいでしょう。しかし、多目的の分析に供するためには、トランザクションの明細全件が必要となります。その蓄積がトランザクションHUBにおけるTR-DWH（トランザクション・データウェアハウス）です。このTR-DWHと共通マスタを格納したHUBを「エンタープライズデータHUB」と呼びます。

基幹系アプリの統一は不要

図13-9のようなグローバル情報共有モデルがあれば、図の下部に描かれた各種の基幹系業務アプリケーション（プロセス）のグローバル統一は必ずしも必要でないことが分かります。ERP（プロセス）製品のベンダが声高にERPのグローバル統一を推奨しても、決して短期間には達成できません。何年ものあいだグローバルビューが得られないようでは、「経営に資するシステム」とは言えません。もちろん、プロセスを統一することでシ

ステムのメンテナンス工数を極小化したり、業務プロセスの標準化を図ることは有意義です。しかし、CEOが望み、優先すべきは、経営戦略に直接役立つ計画／実績のグローバルビューの取得ではないでしょうか。

エンタープライズデータHUBには、そこを境にして、周辺の個別アプリケーションシステムを同時並行開発できるメリットがあります。そのメリットをグローバルな階層型HUBに活かせば、情報共有化と経営のアジリティに役立つことは間違いありません。

第14章

近未来へ先手を打つ

ここまで第Ⅳ部では、リポジトリを用いて企業システムを「見える化」しながら、データHUBを介してアーキテクチャを疎結合に転換し、新たな時代に備えるための戦術を紹介してきました。本章では、この柔軟で長持ちするアーキテクチャの上で、今後近いうちに実現可能となる具体的ソリューションを紹介します。加えて、それらの実現に適した開発手法や、将来に渡るアーキテクチャ計画を担保するための組織に言及し、最後にアーキテクトの使命を確認して本書を締め括ります。
企業情報システムをアーキテクチャ主導に転換することは、思いのほか現実的で身近な取り組みです。読者がその認識のもと、最初の一歩を踏み出すヒントになれば幸いです。

受発注システムに見出す“伸びしろ”

企業の基幹系業務アプリケーションは、(ERPの揺るぎないロジックとともに)凝り固まって、もう発展しないのでしょうか。筆者は断じて「否」と考えます。新たなITシーズの到来とともに、基幹系業務アプリも変わっていかねばならないと思います。

まずは基幹系の代表格である「受発注システム」を考えてみましょう。当然、業種によって受発注業務の詳細は様々ですが、できる限り汎用性に心掛け、アプリケーションの「伸びしろ」を探してみましょう。ここではユーザ層の拡大と新業務の様子が分かるように、UMLのユースケース図を用いることにします。

顧客への接近路

時代を遡ると、古典的な受発注システムはアナログで受けた注文情報を画面入力するところ(いわゆる受注入力)から始まり、在庫引き当てを経て、客先への出荷指示につなぐという、バックオフィス業務の色合いが濃いものでした。しかし近年、そのスコープは一次顧客を超えて二次顧客、さらにはコンシューマへと広がってきました。業種によって商流が異なり、販社・代理店・特約店などが仲介するものの、実需の発生源である消費者に近い位置から、受注情報をシステムへ早期に取り込もうという傾向は共通して見られます。もちろん背景にはICTの進化が作用しています。これが第1の「伸びしろ」です。

少し掘り下げてみましょう。二次、三次顧客(B2B)については、当初はWeb画面からの手入力ですが、相手は企業ですから、次第に互いの受発注アプリケーション同士の連携、即ちEDI(電子データ交換)に進化します。そのプロトコルが業界標準になれば、業界VANを形成します。また近年、アリババのようなB2Bの巨大ECサイトに登録して、従来では考えられないビジネスパートナーとの出会い等も始まっているようです。

図14-1 新）受注システム・ユースケース図

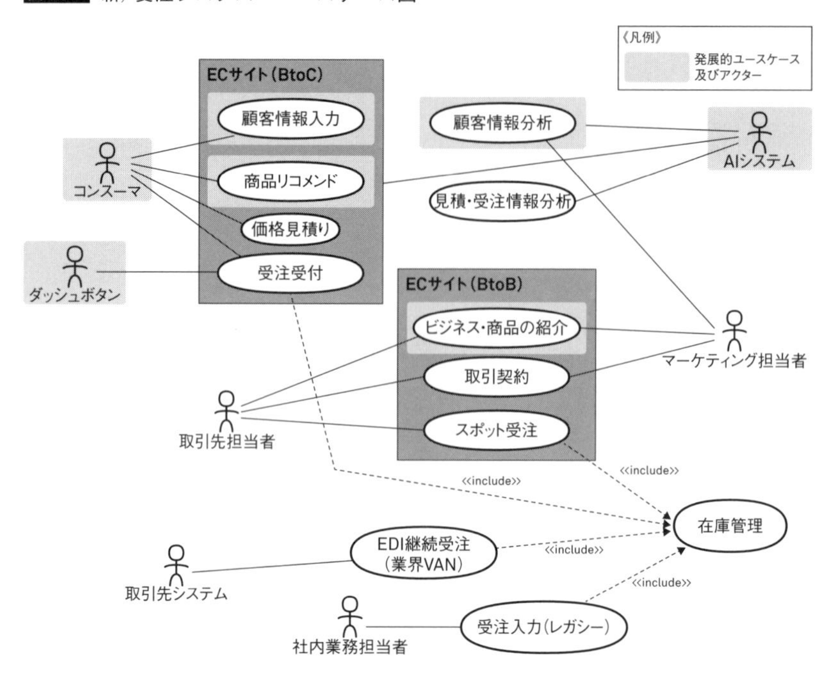

消費者相手のB2Cはどうでしょうか。ネット通販による実店舗の圧迫は周知のとおりです。一度もネットで買い物をしたことのない人が、身近にいるでしょうか。今や物流業会の人手不足が深刻化するほどです。

B2Cのコマースサイトには次々と、さらなるICTの波が押し寄せています。Amazon Dash Buttonはその一例です。IoT活用の一つですが、コモディティ商品の注文では、もはやWeb画面などというややこしいものを使うことなく、ボタンを押せば注文情報が飛ぶ仕掛けです。高齢者にはうってつけです。逆に、消費者個々の好みやカスタマイズ要求に応える商品では、相変わらず価格見積の画面が必要だったりします。システムには従来以上のユーザビリティとリアリティが要求され、「ボタン一発」とは真逆です。さらに、この両方のニーズをAIスピーカーが統合し、ワンストップの発注やパーソナライズされたレコメンデーション、生活者支援までを実現しつつあるわけです。

フロント情報の取得・フィードバック

いずれにしても、実需情報を受付ける側のシステムの伸びしろは、最終消費者に至るまでの取引に俊敏性と利便性をもたらします。しかし、これで終わっては折角のICTの進化がもったいないです。次なる伸びしろは、コンシューマがシステムのスコープに参入したことを利用して、マーケティング情報を取得する事を考えたいものです。いわゆるCRMの「顧客情報」は、B2Bにおける取引先マスタとは似ても似つかない情報です。受注・出荷・物流のための画一的情報とはうって変わり、消費者の購買履歴から商品・サービスに対する感想、顧客の年齢層や職業等の属性はもちろん、位置情報、行動履歴、SNS情報に至るあらゆる関連情報なのです。

ここで取得したビッグデータは、B2Cビジネスはもちろんのこと、従来、B2Bのプレイヤーを自認していた企業のマーケティングスタイルを変えるかもしれません。どんな商品も最終顧客に繋がります。受注システムの進化は、「顧客情報の取得」という大きな副産物をもたらします。個人情報やセキュリティというナイーブな課題もクリアーしていかなければなりません。さらにビッグデータは、受注の結果として蓄えられた膨大な取引実績データに基づく、商品ごと、顧客ごとの情報分析を可能とします。受注に至らない見積情報や見込み情報等が、分析対象となりえたりもします。ここでの伸びしろには、上述したように最新のAI技術が活躍するでしょう。

こうしたビッグデータの再利用が、従来のバックオフィスにおけるデータ分析と大きく異なるところは、分析情報のフィードバックの速さです。従来のデータ分析はほとんどの場合、次なる営業戦略に活用されました。対してビッグデータの再利用は、顧客もしくは顧客予備軍の購買を促したり、継続的な発注に繋げます。つまり、直接的販売プロモーション（バーチャル営業マン）の役割を果たすところが相違点です。

再びユースケース図を見てください。背景がグレーの部分が、将来の伸びしろです。SoRの代表選手のような受注処理も、新たなITの活用でこんなにもスコープが拡大するのです。果たして、このユースケースに基づいて業務を設計し直すとしたらどうなるでしょうか。コンシューマのシステム参入により、営業をはじめとするフロントオフィスの仕事や、バックオフィスの事務作業が豹変することは明らかです。こうしてもたらされた新業務モデルにおける人間の役割は、従来の作業的なものから、よりクリエイティブなものへと変わるでしょう。

生産管理システムに見出す“伸びしろ”

製造業における基幹系業務アプリケーションのもう1つの代表選手は「生産管理システム」です。本節では、その「伸びしろ」を考えてみます。特に、計画系の需要予測の機能についてはメーカー以外の業種にも関係するので、ぜひ参考にしてください。なお、製品や製造ラインの種類によって、生産管理のシステム形態はかなり異なります。ここでは、製造リードタイムがある程度の日数を要す見込生産形態で、かつ装置産業を対象にします。今回もユースケース図を添えたので適宜参照してください。

生産管理システムの機能は、大きく「計画系サブシステム群」と「実行系サブシステム群」に二分されます。前者は通常、一定の設備や人員の稼働率をキープしつつ、如何にして最適在庫を実現する生産計画を立案するかが目的です。後者はその計画に基づいて、できる限り狂いなく生産を実行するかが目的です。いずれも今後、新たなITの影響を大きく受け、様変わりする可能性を秘めています。

ビッグデータ&AIが予測精度を向上

最初に計画系から、その伸びしろを探索してみましょう。生産計画の元になる情報は、需要予測です。原材料の調達計画等も、全てこれが起点になります。筆者は前職時代、過去実績に基づきウインター流指数平滑法なんぞを用いて、自社製品の需要予測システムを作成しましたが、いかんせんファジーなマーケット情報は一切予測因子に加えることができていませんでした。

もし、近年のビッグデータやAI手法を活用して、需要に大きく関係する外部データを取り込むことができれば、従来よりも予測誤差を格段に小さくできるでしょう。もちろん予測は予測ですからドンピシャリ当たることはありませんが、予測誤差の縮小はそのまま安全在庫量の減少等につながるので、大いなる改革となります。ちなみに、近ごろの

図14-2 新）生産管理システム・ユースケース図

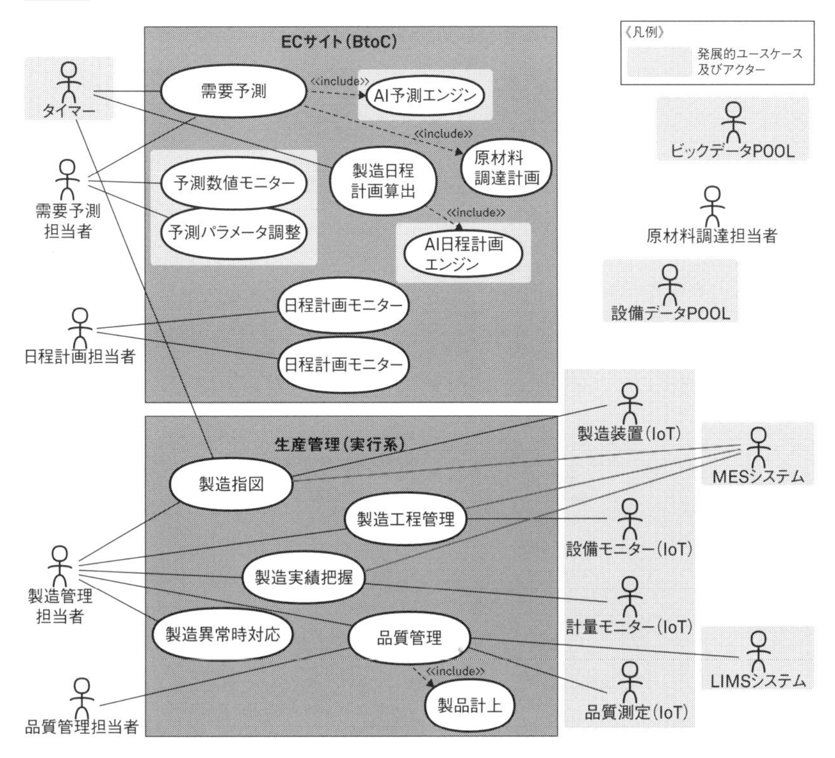

天気予報がよく当たるのも、統計データの蓄積と先端のセンサー技術によるところが大きいそうです。

製造業の予測担当者の仕事は、予測システムのパラメータをひたすらチューニングすることと、異常値が出力された際の解析等です。なお、これらは見込み生産方式の場合であり、発注から納品までを顧客が待ってくれる受注生産方式では、高度な需要予測システムは不要です。

一方、計画系では、月次や週次の需要予測値と直近の在庫情報に基づき、製造日程計画と、それに基づく原材料補充計画に落とし込みます。MRP II（生産資源計画）方式等では、製造ラインの競合状況や装置キャパシティ、人的リソース、原材料の状況などを加味して最適な日程計画を組むことが欲求されます。この分野でも、従来人手の関与が多かった部分にAIを活用することで、より適正なガイドが組まれるようになるでしょう。

将棋や囲碁で人間がコンピュータに勝つとニュースになる時代です。しかし実社会では、計画どおり事が運ぶほうが稀です。将来起こりうる全ての因子を事前に察知するのは不可能です。よって、日程計画変更や割り込み製造等のシステムも必要となりますが、細かい話になるので省略します。

実行系はIoTで省力化

さて、実行系の伸びしろは、どこにあるでしょうか？ 実行系サブシステムには、日程計画に基づく製造指図、製造工程管理、設備コントロール、製造実績把握、品質管理、製品計上等があります。近い将来そのいずれも、人の手を介す入力画面のほとんどが消え失せるでしょう。IoTの進化によりM2M（Machine to Machine）インタフェースにとって代わり、「入力ミス」が死語となります。

工場から人の姿が消えます。化学品など大型工場では20年前から、モニターを監視する数人だけになりました。IoTは製造業の人員削減を加速します。もはやUMLユースケース図のアクターが、人型をしていることが不似合いなほど、アクターはデバイス化しています。

そうした中で今後まちがいなく重要度を増すのは、フェールセーフを考慮したシステムの二重化など、異常時における「事業継続への備え」です。その設計は必ず業務と密着して行われなければならず、それができる業務コンシャスなIT人材の育成が急務です。

「製造は既にアウトソースしているから問題ない」という声も聞こえてきそうですが、委託業者のミスでは発注側の品質管理責任が問われます。また、業務コンシャスなIT人材が製造部門所属でも構いませんが、情報システム部門の生産管理担当者には、彼らと対等に渡りあえる業務知識が求められます。

Theory of IT-Architecture

非構造化データを扱う“伸びしろ”

これまで、オペレーショナルな定型業務では構造化データのみを基幹系システムで扱い、文書や画像等の非構造化データはOA系システムで扱ってきました。2種のシステムが別々に存在し、両者の間に人間が介在することで業務全体が成り立っていました。現代のITを用いれば、両者をうまく同期させて、業務効率を高めることができそうです。人とコンピュータの役割分担は、もっと変わってよいはずです。従来の味気ない画一的な構造化データに、豊かな文脈やイメージを味付けすれば、発生イベントや問題解決にリアリティを与え、結果、人間の判断スピードと正確性が高まるでしょう。

しかしそれは、従来のRDBに加えて、新たにドキュメント型等のNon SQL DBを導入すれば済むような話ではありません。例えば、非構造化データの要素データと、構造化DBに含まれる数値や名称が重複していた場合、両者は一致していなければなりません。データ管理のセオリー「One Fact in One Place」は、構造化データに限った話ではありません。構造化データと非構造化データの関係は、「要素データ」と「要素データの組合せ＋α」と捉えた方が自然です。かのエリック・エバンス氏もNon SQLについて「not only SQL（SQLだけではない）と解釈した方がよい」と語っています。

マスタから文書を生成する簡単な例

企業システムにおいて、両者が同期しながら業務が進行してゆく様子を考えてみましょう。図14-3は営業部門における見積書発行業務の例です。見積書の製品名、製品仕様、製品単価、顧客名、住所、組織、担当者等は構造化DBにマスタとして格納されています。これらの要素データをもとに非構造化データである「文書」が自動作成されて、「価格申請文書作成⇒申請文書承認⇒見積書作成⇒見積書承認」といったワークフローに沿って流れます。この文書を人が読むと、承認／否認が促されるという、とても簡単

図14-3 見積書発行業務

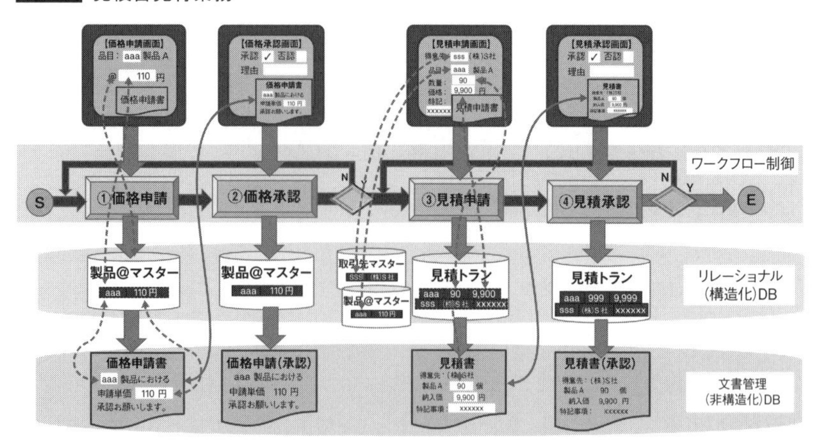

な仕組みです。

ポイントは構造化データから文書データが自動生成されるところです。然るべき権限に基づくマスタメンテナンスによってのみ更新が許された要素データが、いくつかの文言パターンから選択された「つなぎの文言」と合体して1つの「文書」が出来上がります。さらに、顧客ごとに要素データの追加・削除や、配置(レイアウト)のカスタマイズを可能にすれば、自動生成する文書にバリエーションを持たせることもできます。

OA系には多くの"伸びしろ"が

このシステムのUIをイメージしていたら、ここ数年利用している「Web年賀状サービス」を、ふと思い出しました(手抜きと言われそうですが、サンプルから干支の絵柄や挨拶文を選択し、少し入力するだけで翌日には年賀葉書が手元に届きます)。生活者の身の周りに比べて、企業システムは今一つ「いけてない」気がします。見積書発行の例でも、製品名や単価等は受注入力用に格納されていても、見積書の文書は別途ExcelやWordに全部直に手入力して、両者の名称や数値データは人間系で同期させていたりします。あるいは、必要な要素データを構造化DBに入力・格納した後に、見積書印刷システムを起動して見積書を作成し、それを人手で文書DBに格納してはいないでしょうか。

企業システムはガチガチのものから「軟らかいもの」に向かうのが人間工学的にも自然の流れでしょう。しかし、無秩序になってしまってはいけません。今後、いかに両者を融合させるかが情報システム部門の腕の見せどころです。これまで基幹系システムの及ばない領域を「OA系」と称し、EUC (End User Computing) に任せてきたものを、新しいITの活用により、基幹系に巻き取ることができます。基幹系システムの伸びしろは、このような身近なOA系に数多く存在します。

筆者の前職時代、研究職出身の社長が、「今どきの研究者はパワポ資料の作成にばかり時間をかけている。真の研究のための時間をもっと増やさなければダメだな」と言っていました。OA系EUCは時として、ツールを触る楽しさに夢中になり、本来の目的を見失いがちです。オフィスの業務統制も基幹系システムの役割なのです。

モデル主導＋テスト駆動型アジャイル開発

企業システムのアーキテクチャが疎結合へ転換したあかつきには、幾多の恩恵を享受できますが、多くの企業にとって最大のメリットは、アプリケーション開発期間の短縮かもしれません。適正なサイズに刻まれた個々のアプリケーションには、超ド級のウォータフォールが不要となり、最新の開発手法が適用可能となります。また、世の中に構築事例のないアプリケーションの増加が、開発手法に変化を及ぼすでしょう。

近年では「エンタープライズアジャイル」という新手法も登場しているようですが、ここでは、今後のエンタープライズアプリケーションの変化に即応した、新しくも現実的な1つの開発手法をご紹介します。

テストデータと設計の品質を反復で磨く

筆者は前職のプロジェクトに度々この手法を適用してきました。「1つの」と断った理由は、開発手法は本来、プロジェクトの性質に応じて決めるものであり、基本パターンを毎回テーラリングしてよいからです。本節で取り上げるプロジェクトは、数百人月規模のビジネスアプリケーションが対象です。期間は半年、長くて1年程度。基幹系／情報系の種別や、パッケージ導入かスクラッチかといった実装方式は問いません。なお、全体で数千人月の大規模案件でも、1リリース単位を1年以内に刻んだ際は、この程度の規模になりえます。

「プロジェクトよりもプロダクトの成功」、「システムを“作る”から“創る”へ」という本書のセオリーに則り、システム開発の設計・構築・テスト工程にアジャイル手法を取り入れることを筆者は推奨します。但し、財務会計に代表されるような、定石があってしばしばパッケージシステムが適用される業務は対象外です。それらは既に設計の大部分を終えており、イテレーション（反復）による最適デザインの模索が不要だからです。

図14-4 モデル主導＆テスト（データ）駆動型の開発

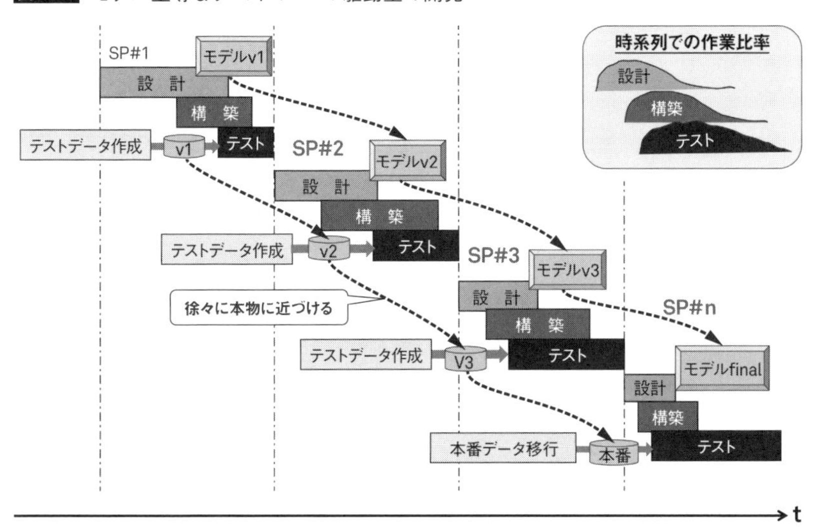

図14-4はタイトル通り、「モデル主導でかつテスト駆動型の反復開発手順」を絵にしたものです。右上の時系列での作業比率の絵は、懐かしいRUP[1]の名残りですが、分析作業は入っていません（システム分析は要件定義フェーズへ移動します）。

この手法の特徴は、何と言っても「モデル主導（ドリブン）」であることに尽きます。各スプリントには当然ながら「設計」の要素が入っています。ドキュメントレスのアジャイル開発にあっても、データモデル図とプロセスモデル図だけはメンテナンス対象とし、反復の回数を重ねる度にバージョンを上げて行きます。

モデル図と並んで変更管理を要するのは「テストデータ」です。教科書にないところは、このテスト工程で用いるデータの品質を重視することです。筆者の経験では、プログラマやSEの作り物のデータを使ったホワイトボックステストに長時間を割くよりも、既存システムの生データに基づくブラックボックステストの方に、できるだけ早く取りかかるべきです。このテストデータは、スプリントを回す都度、より本番データに近付くようにします。そのために、既存システムを熟知した「テストデータ作成チーム」が裏方として機能し、各スプリントにタイムリーにデータを供給します。

---

*1　RUP：Rational Unified Processの略。ラショナル社（現IBM）のソフトウェア開発プロセス。反復型開発、要求管理、コンポーネントアーキテクチャの使用、ビジュアルモデリング、品質の継続的検証という6つのベストプラクティスからなる。

さてここまでは、アジャイル開発のメリットを享受して、プロダクト品質を磨くために考えられた「開発プロジェクトのボディ」に相当する部分です。問題はここからです。

ウォータフォールでアジャイルを挟む

世間のアジャイル／ウォータフォール論争は、往々にして、お互いを知らない者同志が相手を揶揄するばかりで、噛み合っていません。原因は、ウォータフォールが企業アプリケーションを対象とすることにあります（最近でこそエンタープライズアジャイルにも関心が高まりつつありますが…）。エンタープライズプロジェクトの性格は、厳しい非機能要件に基づく品質（Quality）、厳格なコスト（Cost）や納期（Delivery）が特徴です。自由奔放に開発したいと思っても、背に腹は代えられない厳しい制約条件が突きつけられているのです。

では、これらのリスクを最小化しつつ、アジャイルの良さを活かすにはどうしたらよいでしょうか？ 現時点での賢明な現実解は、要件定義までは通常のウォータフォール型を採用することです。論理モデル、採用アーキテクチャ、インフラ環境等の大枠がいったん確定した状況下で、アジャイル開発に突入しないとしたら、あまりにプロジェクトリスクが大きいからです。

図14-5はその概要です。真ん中の設計・構築・テストのフェーズにはアジャイル開発を採用します。両端の要件定義と移行フェーズはウォータフォール型で実施するというハイブリッドな構成です。下段には、開発に参画する各種プレイヤーを示しました。各々が占める面積の推移は、フェーズごとの役割の大きさです。言うまでもなく、ユーザ企業側システム担当とエンドユーザ（業務担当者）の参画は必須です。

筆者はアジャイルとウォータフォールをミックスした「アジャフォール」という造語を用いています。反復によるシステムの進化も、要件定義から移行までの全体進行も、曖昧なユーザ要求から具体的システムに落とし込む様子は、どちらも高所から水が流れ落ちる喩えの方がしっくりきます。言葉的には、スパイラルアップとは逆です。

エンタープライズにどっぷり浸っている者には、「自由度の高いアジャイルによって要件が発散し、収集がつかなくなるのでは…」という潜在的不安があります。そのリスクをヘッジし、物事（ものごと）が収束するイメージを加えた表現が「アジャフォール」なのです。慣れないことに取り組む際には、まずは少しずつ馴染ませるのがよいと思います。自社流でもよいので、新たな開発手法にチャレンジすることが大事です。進化の早いITの世界では、エンタープライズシステムと言えども、変わらないことがリスクとなるからです。

図14-5 開発プロジェクト全体の工程（アジャフォール型）

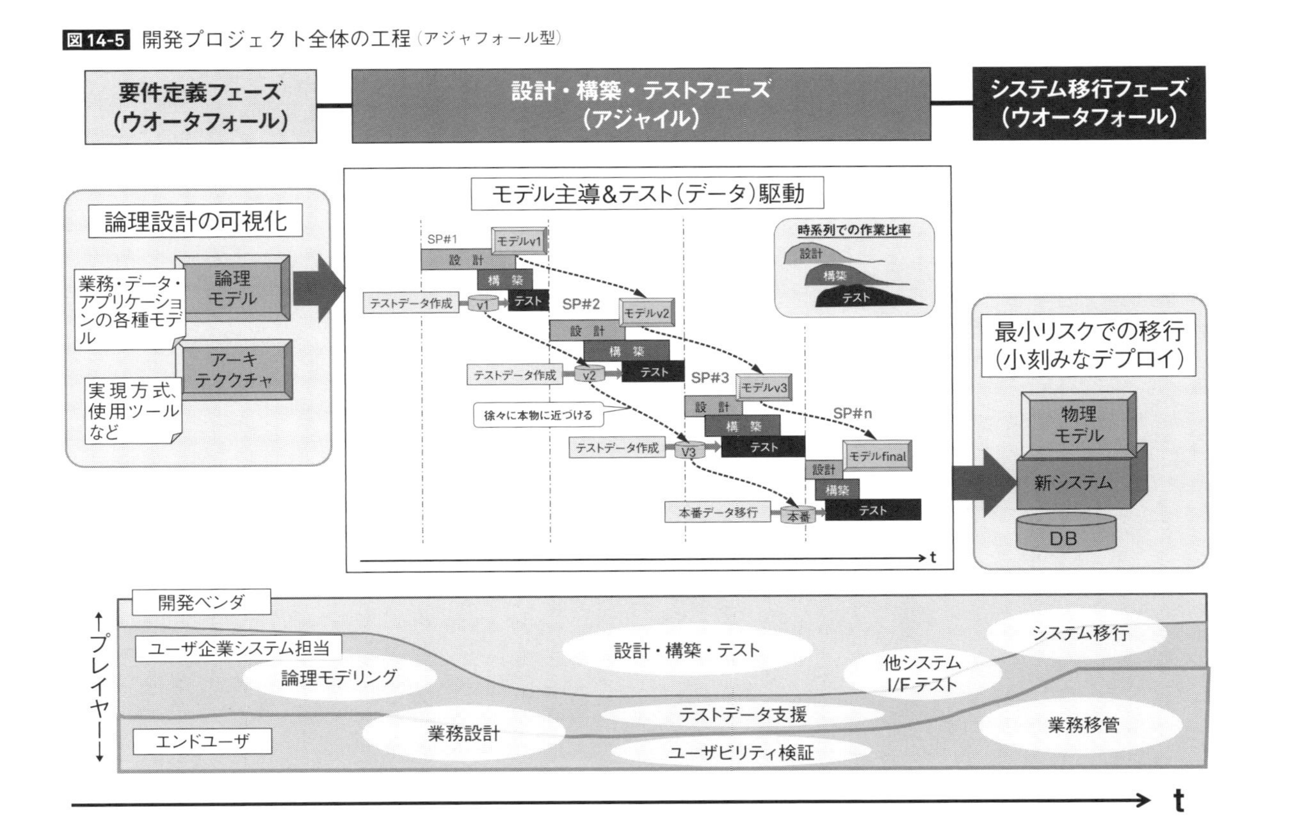

Theory of IT-Architecture

小刻みな継続的デリバリで安定をもたらす

最近、IT関連メディアでは「DevOps」の露出が増えてきました。開発(Development)と運用(Operation)を合体した造語です。開発チームと運用チームが協力し合い、より短期間でシステムを開発&リリースし、ビジネス要求に迅速に応えていこうという取り組みのことです。元々はアジャイル開発やリーンスタートアップの潮流から登場しました。本節では、厳密な定義やツールの話はさておき、「開発と運用が一体となった継続的デリバリ」の形態を、近い将来、基幹系システムに適用することを考えます。

今から30数年前、筆者の入社当時を思い出してみると、開発と運用の間に組織的な区別はありませんでした。ビジネスシステムはまだ巨大化・複雑化しておらず、もちろんDevOpsのようなツール環境は皆無でした。その後の10年で企業システムは膨れ上がり、開発と運用の間には、明確な組織と役割の区分が生まれました。近年ではさらに、品質保証の境界まで生じています。このような機能分担が必要となった大きな理由は、システム規模の拡大だけでなく、データ連携構造が密結合に絡み合う「複雑系」になってしまったことにあります。

俊敏性はリスクをヘッジする

本書ではくり返し、企業システムの分割と疎結合化を提唱してきました。対象はアジャイル開発を適用しやすい周辺システムに限りません。ビジネスの要請はシステムの種類や開発方法論とは無関係に発生します(但し、財務会計のようにロジックが固定されており、滅多に変更が発生しないものは対象外)。

図14-6は、小刻みなリリースを継続的に行うDevOps的開発手法と、従来のウォータフォール型手法を並べて、システム機能の変化とリスクを比較したものです。左側の図ではひっきりなしにリリースが行われ、忙しい毎日が目に浮かびますが、システム機能

図14-6 小刻みなリリースがもたらす"安定"

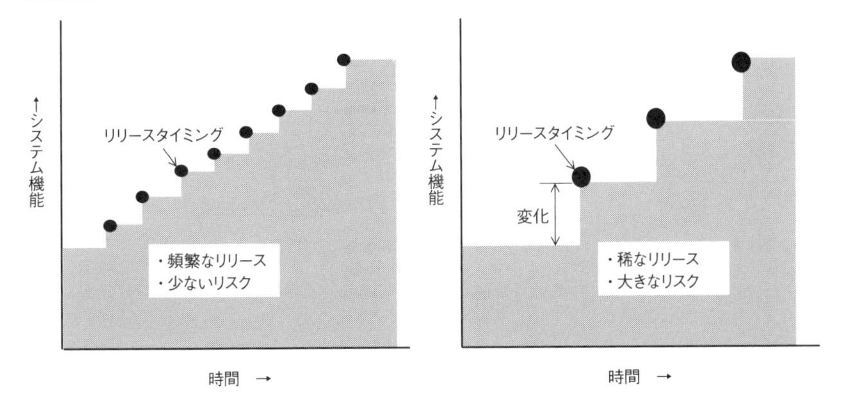

の変化が小さいため、1回ごとのデリバリに伴うビジネスリスクも小さく抑えられています。右側の図はその逆で、各リリースのインターバルが長くかつ、リリース時の変化の度合いが大きいので、仕事の繁忙期と楽な時期に激しい差があります。また、稀に訪れる大規模デリバリには大きなビジネスリスクが伴います。この両者は、「蟻とキリギリス」に喩えることができそうです。

「ビジネスあってのシステム」ですから、要求にはタイムリーに応えたいところです。願わくは週1回、せいぜい月1回のタイミングでリリースできるのが理想です。そうなれば開発規模のσ(バラツキ)が極小化され、プロジェクトリスクを低減できます。最悪の事態でも、小規模プロジェクトの炎上はすぐに燃え尽きるので、ダメージは小さくて済みます。また、SEのモチベーションは、失敗できないプレッシャーから解放され、積極果敢な方向へと転じるでしょう。表14-1に両者の特徴をまとめてみました。

基幹系のDevOpsも視野に小刻みなリリースによる継続的デリバリは「いいことずくめ」ですが、2つの大きな課題をクリアしなければなりません。1つは、SIベンダとの一括請負型アウトソーシングの是正。もう1つは、無駄のない小刻みな開発の前提となる、

表14-1 小刻みなリリースがもたらす"安定"

	時代背景	開発費用/案件 見積誤差/案件	開発リスク・品質σ	SEモチベーション	ベンダ契約
小規模開発&頻繁リリース	(21世紀)多様性・エコ、少量多品種生産の時代	費用安 見積誤差小	リスク小・バラツキ小	チャレンジャブルな積極性↑	準委任契約
大規模開発&稀なリリース	(20世紀)大量生産・消費の時代	費用高 見積誤差大	リスク大・バラツキ大	失敗できない高いプレッシャー↓	(リスクの)請負契約

ITアーキテクチャの青写真作りです。前者は、SIベンダのビジネスモデルの課題であり、業界を挙げて取り組む必要があります。後者はエンタープライズレベルで、アジャイル開発に必須な技術的前提条件です。

アジャイル開発において仕様書を書かずに「よし」とすることと、アーキテクチャモデルを描くことは次元の違う話です。アーキテクチャの青写真は、多数の小規模アジャイル開発が矢継早に実施されても、軌道修正の道標となり、プロジェクトを正しい方角へ導いてくれます。まさに「Think big, start small」の実践です。アーキテクチャ主導を実践すれば、基幹系システムのDevOpsも決して夢ではありません。

Theory of IT-Architecture

アーキテクチャ・マネジメントオフィスの設置

アーキテクチャ主導の企業情報システムへ向かうために、ぜひとも社内に配備しておきたい機能組織にAMOがあります。アプリケーション保守をアウトソースするApplication Management Outsourceではありません。Architecture Management Office（アーキテクチャ管理チーム）のことです。末尾が同じく「Office」のPMO（Project Management Office）はプロジェクト管理を束ねますが、それと同様に、AMOは企業システムのアーキテクチャ管理を束ねます。どちらも、企業システムが大規模・複雑化するにつれ、IT部門に必要となってきた組織です。PMOは既に一般化しているので説明を省きますが、AMOについては未だ馴染みが薄いようです。

管理事務所でも駆け込み寺でもない

いきなりですが、先にアンチパターンに触れておきます。AMOはPMOと同じく、会議招集やファシリテーター役の「事務局」ではありません。まして、トラブル発生時の駆け込み寺や火消しでもありません。Management Officeの直訳が「管理事務所」となり、受け身的な印象となるのが残念です。現場が強い日本の企業でマネジメントオフィスが機能するには、具体的な役割の定義と、それなりの権限が必須です。さもないと、現場を補佐する事務局と化すのは時間の問題です。なお、AMOにとって現場とは、各個別プロジェクトを指します。

では、AMOが単なる事務局や敗戦処理役になってしまわないためには、どうしたらよいでしょうか？ ダメな戦略の尻拭いをせずに済むには、何が必要でしょうか？

答えは、「将来のアーキテクチャ戦略について、リーダーシップを担うこと」です。常に数年先のアーキテクチャの青写真を自ら描きつつ、詳細な落とし込みは各現場組織に委ねるといった振る舞いができるかどうかです。この青写真の粒度は、第6章で紹介した「鳥の眼(バーズアイ)」のレベルでよいのですが、ある程度はEAの中身(BA、DA、AA、TA)に入り込み理解する必要があります。表面的な「管理に徹する」といった綺麗ごとでは決して済まないからです。

図14-7 アーキテクチャ・ロードマップの例

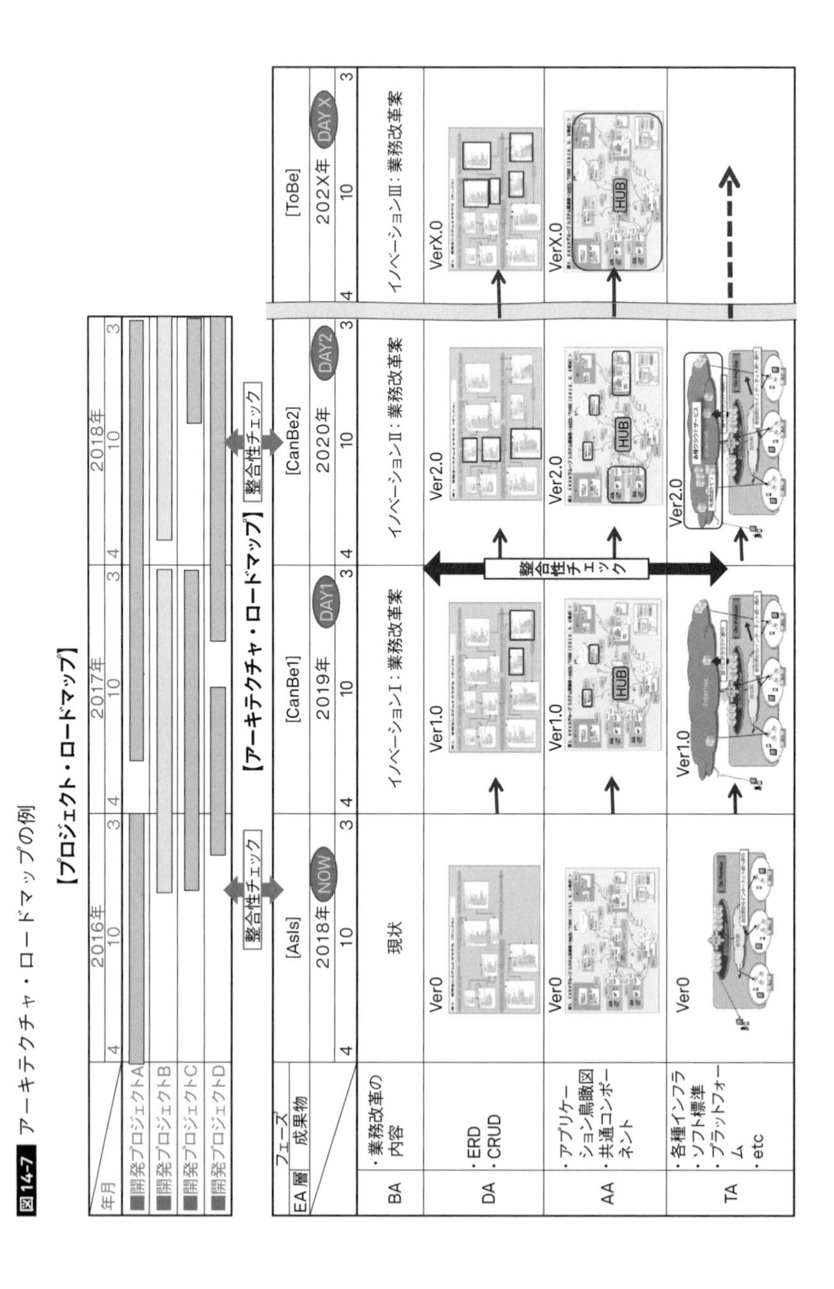

ロードマップを壁に貼り出すべし

図14-7は、AMOが常に壁に貼り出しておきたい成果物「アーキテクチャ・ロードマップ」の例です。この図を見れば、およそAMOが何をやらねばならないのか、どんな情報を必要とするのかが解ると思います。実際には、1枚の絵で表せない部分が詳細別紙となったり、Web画面のハイパーリンクでドリルダウンされたりします。余談ですが、最近EA関連の案件が増えるに連れ、社内教育用に購入したA1版プリンタが大活躍しています。視覚に訴える一覧性の重視はアーキテクチャ設計のセオリーです。

この図には2つのポイントがあります。1つは、縦軸のBA⇔DA⇔AA⇔TA各層相互の整合性チェックです。もう1つは、横軸の時系列に沿ったEA各層の段階的マイグレーションの実現可能性チェックです。

縦軸では、目的とするビジネスイノベーションに必要な情報を生成するためのデータ環境となっているか？⇒そのデータ環境を必要なタイミングで生成するアプリケーション環境となっているか？⇒そのアプリケーション環境が十分に稼働できるインフラ環境になっているか？といった点を点検します。横軸では、ビッグバンにより一気に新アーキテクチャ（ToBe）に切り替えるリスクを軽減するために、CanBe-1、CanBe-2といった段階的移行を考慮した青写真が、時系列に同程度の飛躍となっているかを点検します。

このようにして、縦軸・横軸の両方の制約条件をクリアできる、バランスのよい現実的な解としてのアーキテクチャ・ロードマップが完成します。EAは個々のプロジェクトを越えて計画されますから、このロードマップはあくまでアーキテクチャ中心で作成して構いません。しかし直近の2～3年に関しては、図14-7の上部にある個々のプロジェクト・スケジュールとの整合性、即ち、EAがどのような状況にある所で新システムが稼働を迎えるかを、確認しておく必要があります。

2～3人でよいので強い権限を

さて、いったん作成されたロードマップについては、必ずしも予定どおりに進捗するとは限らないので、毎年微修正を加えながら、同様のスパンで計画を練り直す必要がありますまた、最後の1年分は絶えず新設します。年度ごとのローリングプランが難しい場合は、微修正は毎年行い、新規追加は数年に1度、数年分を追加するのでも構いません（いわゆる中期計画方式）。

こうして見ると、プロジェクトを越えた次元で存在するアーキテクチャの変遷には、終わりのないことが分かります。したがってAMOチームは、プロジェクトとは無関係に常設することが前提となります。

最後に、AMOの設置で忘れてならないのが、十分な権限の付与です。組織に横串を通すチームには、かなり高位の権限が必要ですから、システム部門長の直轄とするぐらいが好ましいでしょう。

「何とかしてITスラムからの脱却を図ろう」としているユーザ企業の方や、大規模基幹系レガシーシステムのダウンサイジングを検討中の方は、個別プロジェクトの企画立案と同時に、2～3名の少人数で構いませんから、AMOの設置を立案してみてはいかがでしょうか。

14.7

Theory of IT-Architecture

アーキテクチャ・ロードマップの作成方法

何事も変化の激しい現代において、ITアーキテクチャの青写真を描く際には、近い将来起こりうるビジネスやITの変化を加えた、時間軸の考慮が極めて重要です。前節でAMOが作成する「アーキテクチャ・ロードマップ」を紹介しましたが、本節ではその作成過程について、時間軸を加えて詳しく説明します。話が多少抽象的になりますがご容赦ください。

BAとTAの双方向からDAとAAを構想

まず、向かうべき方角性を定める要素は、大きく2つあります。1つは、社会やビジネスを取り巻く環境の行方です。EAで言うところのBA（ビジネスアーキテクチャ）が起点となるケースです。ビジネスのグローバル化、経営ガバナンスの強化、現場のワークスタイルの変革などが相当します。

もう1つの要素は、ITの進化の行方です。BAの対岸にあるTAが起点となるケースです。最近で言えば、第三のプラットフォームとしてのモバイル、ソーシャル、ビッグデータ、人工知能、クラウド等が相当します。

そしてBAとTAの間に位置するDAとAAは、両端の方向性から影響を受けて設計されます。通常は、ビジネスが求める要件（BA）に基づき、それを満たすデータ資源のあり方（DA）と、それを生成するプロセス（AA）が仮り決めされ、適用する実装技術（TA）に基づいて補正された結果、現場で実現可能な業務（BA）への修正フィードバックが決定します（図14-8左側の「各層の決定過程」を参照）。基本は「ビジネスありき」です。但し近年、TAが先導役となり、BA内の新規ビジネスの創設に至る（グーグルやアマゾン、国内では楽天やDeNA等のような）ケースが拡大しています。

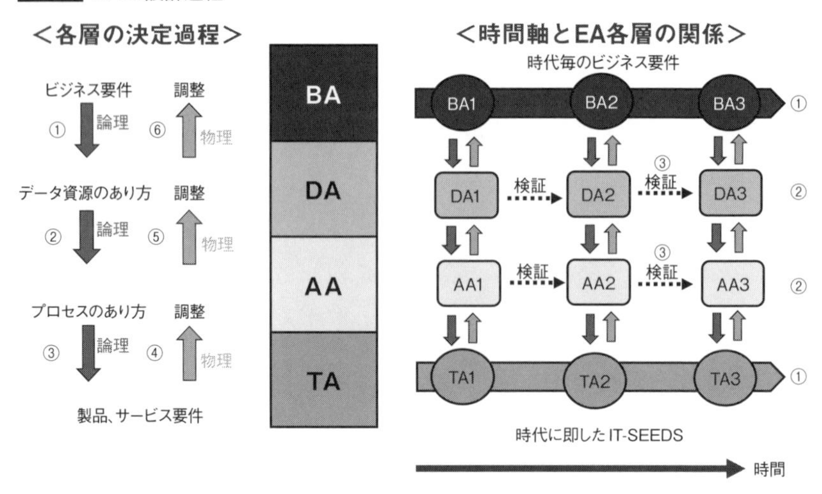

図14-8 EAの設計過程

時代を読み、本流を見分ける

話をもう少し深堀りしてみましょう。まずはBAのデザインについて。例えば「ビジネスのグローバル化」により、システムのスコープ拡大や多様性への対応が要請されるのは当然ですが、問題は、「グローバルで多様化した組織体を、どのような構造で統合運営するか？」です。今や、少し前のグローバルスタンダード（実はUSスタンダード）への全面服従といった単純な答えでは、通用しません。中央集権型、連邦型、自律分散型等、いずれの組織体系を目指すのかを真剣に考えねばなりません。そのBAがDA/AAの設計のもとになるからです。

次にTAのデザインですが、TAの特徴は、何といっても進化の速さからくる先読みの難しさにあります。マスメディアがIoTやNonSQL-DBによるビッグデータ活用が目前に迫っているかの如く騒ぎ立てても、それを自社の実用に供するのがいつ頃なのかは、正直、分からないのが本音ではないでしょうか。それでも、その時期を仮り置きしないことには、ロードマップ作りが始まりません。ITシーズは様々な可能性を秘めています。幸か不幸か新たなITサービスはいつも欧米が（最近はアジアも）数年先を行っているので、海外事例を参考にすることで、一般的な進化の過程は知ることができます。

「やりたいこと」と「できること」の交点

そしてAA、DAの特徴は、「BA(やりたいこと)とTA(できること)の交点」になっていることです。特にAAは、隣接するTAの影響を受けやすいという特徴があります。よってAAの論理設計では、物理的制約を加味して“落とし所”を見出すことになります。進化の早いTAに連動して、そのデザインも変わりやすいという特性から、「将来に向けてAAを如何に柔軟性あるものにしておくか」が鍵となります。

さてここで、現実に目を転じてみましょう。汚れた大規模企業システムのDA・AAの変革には、長期間を要するという現実です。前述したようにBA・TAからDA・AAが導かれることは確かですが、DA・AAの変更リードタイムがネックになることを前提にすれば、そのインプットとなるBA・TAも、それに合わせた時系列での将来予測を立て、DA・AAとの整合性を図る必要が生じます(図14-8右側の「時間軸とEA各層の関係」を参照)。

この両者の予測が大きく外れていると、DA・AAの設計もやり直すほかありません。しかし、BAには企業経営の側面、TAにはITの技術的側面に精通した有識者を集めて議論を重ねれば、向こう1～3年程度の直近は、大きく外れることなく実行可能な絵図が描けるはずです。4～7年先には不確定要素が多く、予測違いも生じますが、判明した都度、修正をかけていけばよいのです。1つだけアンチパターンを言えば、4年先のToBeの方向性と、直近1～3年の計画が真逆なのはいただけません。例えば、将来は分散方向に進むのに、直近は一時的に集中するとか、脱ホストのはずなのに最後のホスト増強をするとかです。

IT環境の進化が速い今日、時系列を伴ってEAをデザインするには、「時代の変化を読む」ことが極めて重要です。ITアーキテクチャに携わる者は、自社の経営方針と、世の中のIT動向の両方にアンテナを張っていなければなりません。そして経営スタイルにもIT製品にも、一過性の流行りモノか長続きするものかの「本流を見分ける」力が求められます。決してメディアやベンダの言いなりではなく、自社にとって腹落ちするものでなければなりません。

14.8

Theory of IT-Architecture

葛藤を乗り越えてこそのイノベーション

本書も最終節となりました。最後に、本書で提唱してきた「アーキテクチャ主導の企業システム」を維持し続けるために、アーキテクト一人ひとりに求められる**振る舞い**について、筆者の経験から得たセオリーをお話しします。なお、ITアーキテクトの場合、プロジェクトマネジャ（PM）に比べて、コミュニケーション能力や統率力といった人間系のコンピテンシーについては、あまり多く言及されません。だからと言って、決して、アイデアや技術力だけが求められているわけではありません。

筆者がこれまでに手がけた、期間1年以上のシステム開発プロジェクトの数は17件です。ユーザ企業在籍中に14件（うちインフラ関連が3件）、サービス側コンサルタントに転じてからが3件です。インフラを除く全ての開発プロジェクトにアーキテクトとして参画（うち5～6件はPMも兼務）しました。振り返ってみると、あるべきアーキテクチャを追求するあまり、多かれ少なかれいつも「葛藤」があったと気づきます。

アーキテクトが想い描くシステム完成後の姿は、いたって美しいものです。新システムはドラスティックな業務改革をもたらし、将来のビジネス変化に柔軟に対応でき、新しいテクノロジーをとり入れた魅力溢れるものです。もちろん予算と納期を満たす想定です。プロジェクトのキックオフから要件定義を終える頃までは、アーキテクトの描いた青写真が、ほぼ原型どおりに推移します。経営サイドへも十分な訴求ができ、バラ色の未来が予見されます。まさに、アーキテクトが光り輝き周囲を照らす時期です。

問題はそれからです。基本設計（外部設計）に入り、要件を実現するITの具体的打ち手を考え始めた頃、徐々に様子が怪しくなってきます。初めて構築全体の工数見積りが出た時点で、怪しさは最初のピークを迎えます。怪しさの正体は、「プロジェクトを平穏無事に終わらせよう！」という悪魔の囁きです。それを囁く張本人はPMにほかなりません。

ベンダへの構築作業のアウトソースが一般化した今日、リスクを上乗せした当初予測を上回る工数算出が、躓き(つまづき)のきっかけとなります。全体最適を標榜するアーキテクトと、背に腹を変えられず部分最適で切り抜けようとするPMとの戦いが始まります。「戦い」と書きましたが、「お互いが相手を尊重して落とし所を見出す」が正しい姿です。そんなことは百も承知ですが、熱が入るあまり敵対関係となること反省しきりです。

第1章でも述べましたが、そもそもアーキテクチャ管理はプロジェクトを超えるものです。したがってアーキテクトの主張は、技術的側面においては優位に立って然るべきです。しかしながら現実プロジェクトにおいては、納期やコストといったPM的観点も同時に重要です。この段階でのアーキテクトのとるべき行動は、「小さなこだわりは捨て、根本的な指針は変えない」、これに尽きます。この局面をうまく乗り越えれば、50%以上のアーキテクチャ品質が担保されます。

「PM要件を何とか満たすアーキテクチャが確保できた」と思ったのも束の間、次なる試練がやって来ます。開発後期のテストフェーズに入り、「いくつかの新技術が非機能要件を満たさない」という事態が勃発します。最初から枯れた技術だけで構築するのなら、そもそもアーキテクトは不要です。よって、この事態も想定内のはずです。

この試練は、前回の「悪魔の囁き」よりも、さらに強力な「クレーム」に近いものとなります。「だから言ったよね、難しいって」といった他人ごとの評論が浴びせられます。ここでも、決してくじけてはいけません。今後10年から20年先まで持たせるシステムを作るのに、枯れた技術だけで構築するわけにはいかないのです。

辛抱強く、最低限枯れた技術でパフォーマンスを担保しなければならない箇所と、そうでない箇所を仕分けし、後者を残すことに努めなければなりません。オール・オア・ナッシングなどと言って、全てを退化させないことが重要です。レガシー技術で賄った箇所は、プロジェクト終了後、次のステップでリベンジすることを密かに企画しましょう（企画せずとも、利用者側から不満の声が上がるケースが少なくありません）。

こうして当初想定したアーキテクチャは、プロジェクトの進捗とともに少しずつ角が取れ、丸みを帯びてきます。辛口で言えば、結果として妥協の産物が完成します。それでも、当初企画した75%以上の新機能が実装できていれば、まずもって「合格」と言えます。残念ながら、削りに削って真ん丸になった失敗プロジェクトを、アーキテクチャの側から「成功」と言ってはいけません。本当のプロジェクトの成功とは、コストや納期はもとより、真のプロダクト品質（バグのないシステムではなく想定した機能が実現できている）が満たされることです。ベンダへのアウトソースにより、品質の捉え方を間違えているケースが少なくありません。

こうして振り返ってみると、筆者が手がけたすべてのプロジェクトで、満足できる点数を得たとは言えません。がしかし、葛藤の大きかったプロジェクトほど、なぜか息の長いシステムとなっています。ITアーキテクトは、悪魔の囁きに負けて、当初想い描いた青写真を簡単に諦めてはなりません。現実解との葛藤が生じることを必然と捉え、粘り強く最後まで、自信を持って突き進まなければいけません。ほかならぬ「イノベーションの主役」なのですから。

あとがき

どんなに大金を投じても、企業システムを一夜で手に入れることはできません。ITアーキテクチャは長い年月をかけて築いていくものです。本書はそのことを訴えています。私がIT人生の大半を過ごした前職の会社は、昭和のバイオベンチャーでした。研究立社の風土は、ITの新たな取組みにも比較的寛容に理解を示してくれました。

私はその企業風土の下、諸先輩方の技を盗みながら自らのスタイルを確立しました。今思えば、それらは小技ではなく、向かうべきアーキテクチャを示唆するものでした。数年前、私もそのDNAを後輩に引継ぎました。私の代で完成したエンタープライズデータHUBは、後任部長の代でクラウドへと進化しました。そしてその次の部長は今、これら全てを引継ぎグローバルレベルに引き上げようとしています。

本書の執筆を終えて、ここに登場するソリューションを実装まで導いてくれた素晴らしい仲間たちに改めて感謝したいと思います。彼らの力がなければ間違いなく絵に書いた餅になっていたでしょう。また、このような取組みが可能な環境をもたらしてくれた先輩方をありがたく思います。

「これから自社のシステムをどうして行ったらよいか」と悩んでるユーザ企業の方々、「お客様のシステムを託されたけれど、どうしたものか」とお困りのベンダ企業の皆さん、用意周到な計画をじっくりと立てる作業は最も安価で確実な投資です。皆さんの計画作業において、本書が何らかのヒントになれば幸いです。企業のITアーキテクチャを描くというこの上なく創造的な仕事を、ぜひとも楽しんでください。

2018年4月　　著者　中山 嘉之

参考文献

- 椿正明著『データ中心システムの概念データモデル』1997年1月、オーム社
- W.H.インモン、ライアン・ソーサほか著『コーポレート・インフォメーション・ファクトリー――企業情報生態系の構築と管理』1999年5月、海文堂出版
- 渡辺幸三著『生産管理・原価管理システムのためのデータモデリング』2002年10月、日本実業出版社
- 真野正著『実践的データモデリング入門』2003年3月、翔泳社
- 萩本順三著『これだけでわかる！初歩のUMLモデリング――基礎から各種テクニックまで第一人者が伝授!!』2004年2月、技術評論社

解説 ユーザ企業の“知恵”が詰まった本

渡辺幸三（システム設計者）

注文住宅を業者に依頼する際に、施主は業者任せにはしない。要望をしつこく伝えるだろうし、出来上がった専門的な図面や資料を読み取ろうと努力するだろう。建築現場に何度も足を運んで、新居が出来上がってゆく様子を睨みながらたまにはクレームをつけたりもするだろう。

一方、企業システムの構築については、業者任せ（丸投げ）が横行している。「有名な業者だから大丈夫」という安心感からかもしれないが、開発されるものは自分たちの事業を支える神経系である。要望を精密に伝えるべきだし、設計内容を事前に理解・納得できていなければいけない。

ところが、納品される設計資料の量が半端でない。しかもそれがプロ用のエンジニアリングツールではなく、素人が使うExcelやWordで作られていたりする。複雑膨大な設計情報とそれらの論理関係を、その種のツールで管理できるはずがない。業者自身さえその全容を理解しているとは思えない膨大かつ退屈な資料を、システム開発の専門家でさえない発注者側がまともに理解できるわけがない。

結局、「こんなものを作ってくれと頼んだ覚えはない」といったシロモノが出来上がる。使いにくいだけでなく、作りがわかりにくいために、開発業者にしか保守できないカネ喰い虫でもある。もちろん業者に悪気はなく、彼らなりに残業を重ねてがんばった結果ではあろう。要するにこれは、「高額な商品を買うのなら、発注者にもそれなりの知識や理論武装が要る」というごくありきたりな話だ。

そこで注目してほしいのが、「データモデル」と呼ばれる図面である。すべての設計資料に目を通す必要はない。なぜなら、整合性や効果が広域に配慮されたデータ構造やデータの移行計画を構想することが、それ以外の要素（例えばアプリケーション）の設計や実装よりもはるかに難しいからだ。実際、システム開発の世界では「データベース設計を征する者はシステム開発を征する」と言われている。この難しい課題に対処できているかどうかさえ見れば、最小限度の努力で業者のスキルレベルを査定できるのである。

但し、データモデルや移行計画に対して意見するためには、企業の「データアーキテクチャ」に関する最低限の知識が要る。図面を読めるようになるだけでなく、企業システテムにおけるデータベースの位置づけや役割を包括的に理解しておかねばならない。個別に開発されたシステムごとに分断されたデータベース間の矛盾や不整合にどう対処し、統合してゆくか。それが現代のシステム企画における最大の課題だからだ。

本書には、そのためのユーザ企業ならではの珠玉のノウハウが詰まっている。化学製品メーカー所属の「伝説の情シス部長」としてデータベースの広域統合を成功させてきた中山氏が、初の著書となる本書で、その経験と洞察のエッセンスを公開している。ほとんどの企業が見落としているデータアーキテクチャに関する議論が、これほど端的にまとめられている本はない。

ITを用いて事業を強化したいと考えているユーザ企業はもちろんのこと、自社の技術力や誠意が顧客に伝わらないと悩んでいるITベンダにとっても、何度も読み返すべき知恵の源として本書をお勧めしたい。

索 引

け

こ

さ

し

す

せ

簡易電子版の閲覧方法

本書の内容は簡易電子版コンテンツ（固定レイアウト）の形でも閲覧することができます。

- 簡易電子版コンテンツのご利用は、本書 1 冊につきお一人様に限ります。
- 閲覧には、専用の閲覧ソフト（無料）が必要です。この閲覧ソフトには、Windows 版、Mac 版、iOS 版、Android 版があります。

◆ 簡易電子版の閲覧手順

弊社のサイトで「引換コード」を取得した後、コンテン堂のサイトで電子コンテンツを取得してください（コンテン堂はアイプレスジャパン株式会社が運営する電子書籍サイトです）。

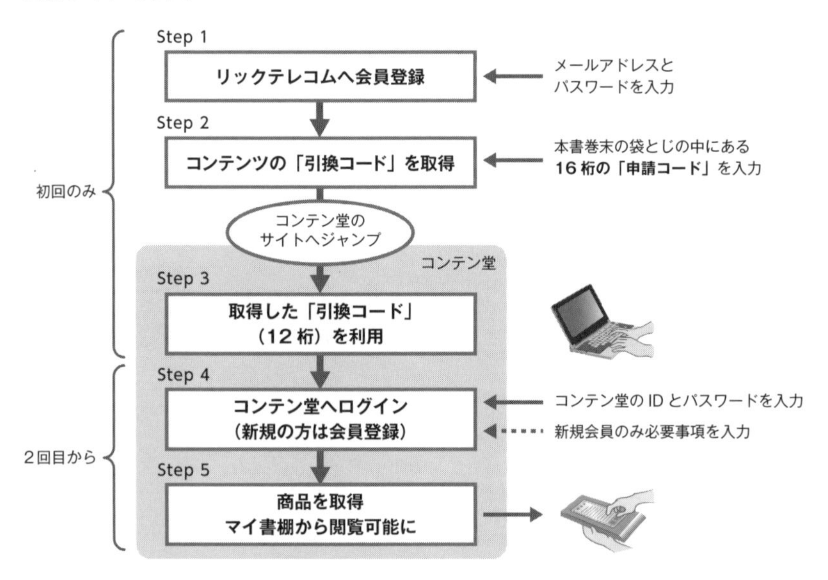

Step 1

① 弊社の『電子コンテンツサービスサイト』（http://rictelecom-ebooks.com/）にアクセスし、［新規会員登録（無料）］ボタンをクリックして会員登録を行ってください（会員登録にあたって、入会金、会費、手数料等は一切発生しません）。過去に登録済みの方は、②へ進んでください。

② 登録したメールアドレス（ID）とパスワードを入力して［ログイン］ボタンをクリックします。

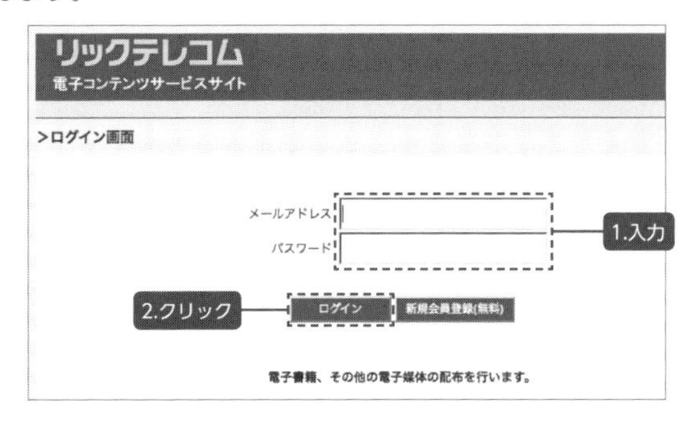

Step 2

③『コンテンツ引換コード取得画面』が表示されます。

（＊）別の画面が表示される場合は、右上の［コード取得］アイコンをクリックしてください。

④ 本書巻末の袋とじの中に印字されている「申請コード」（16 ケタの英数字）を入力してください。その際、ハイフン「-」の入力は不要です。次に、［取得］ボタンをクリックします。

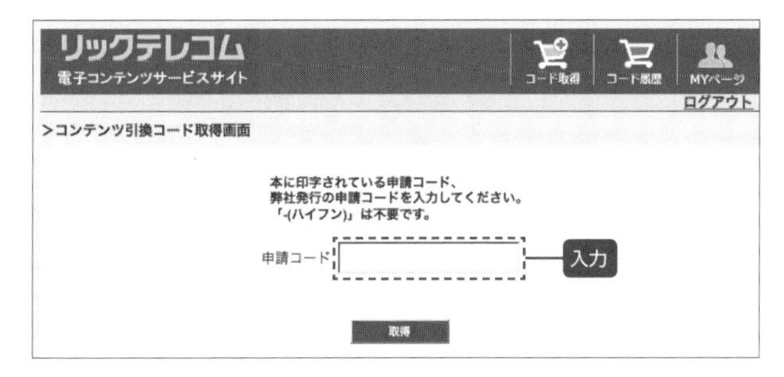

⑤『コンテンツ引換コード履歴画面』に切り替わり、本書の「コンテンツ引換コード」が表示されます。

⑥ ［コンテン堂へ］ボタンをクリックします。すると、コンテン堂の中にある『リックテレコム 電子Books』ページにジャンプします。

Step 3

⑦「コンテンツ引換コードの利用」の入力欄に、いま取得した引換コードが表示されていることを確認し、［引換コードを利用する］ボタンをクリックします。

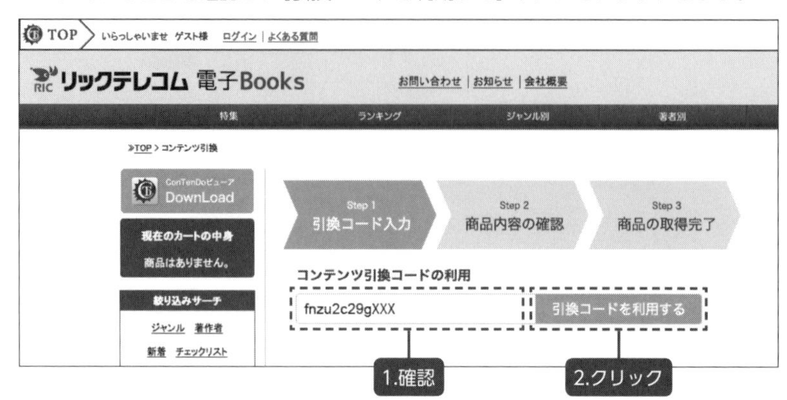

Step 4

⑧ コンテン堂のログイン画面が表示されます。コンテン堂を初めてご利用になる方は、［会員登録へ進む］ボタンをクリックして会員登録を行ってください。なお、すでにコンテン堂の会員である方は、登録したメールアドレス（ID）とパスワードを入力して［ログイン］ボタンをクリックし、手順⑫に移ります。

⑨ 新規登録の方は、会員情報登録フォームに必要事項を入力して、［規約に同意して登録する］ボタンをクリックします。

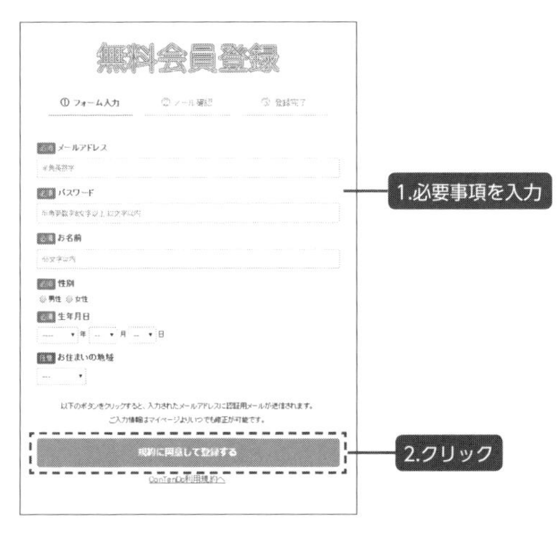

⑩『確認メールの送付』画面が表示され、登録したメールアドレスへ確認メールが送られてきます。

⑪ 確認メールにあるURLをクリックすると、コンテン堂の会員登録が完了します。

Step 5

⑫『コンテンツ内容の確認』画面が表示されます。ここで［商品を取得する］ボタンをクリックすると、『商品の取得完了』画面が表示され、本書電子版コンテンツの取得が完了します。

⑬［マイ書棚へ移動］ボタンをクリックすると『マイ書棚』画面に移動し、本書電子版の閲覧が可能となります。

（＊）ご利用には、「ConTenDo ビューア（Windows、Mac、Android、iPhone、iPad に対応）」が必要です。前ページに示した画面の左上にある［ConTenDo ビューア DownLoad］ボタンをクリックし、指示に従ってインストールしてください。

本書電子版の閲覧方法等については、下記のサイトにも掲載しています。
http://www.ric.co.jp/book/contents/pdfs/download_support.pdf

中山嘉之（Yoshiyuki Nakayama）

1982年より協和発酵工業（現・協和キリン）の情報システム部で30年間社内システムの構築に携わる。メインフレームからオープン環境へとITが変遷するなか、DBモデラー兼PMを担い数多くのシステムを完工。2005年からは部門長とアーキテクトの二足のわらじを履き、2010年にエンタープライズデータHUBによる疎結合アーキテクチャの完成に至る（IT協会ITマネジメント賞受賞）。2013年1月よりアイ・ティ・イノベーションにてコンサルティング活動を開始し、同年7月よりビジネステクノロジー戦略部を立ち上げ、今日に至る。著書に本書と姉妹書の『DXの大前提――エンタープライズアーキテクチャのセオリー』(2023年、リックテレコム刊）がある。

システム構築の大前提
ITアーキテクチャのセオリー

2018年6月20日　第1版第1刷発行
2024年3月8日　第1版第5刷発行

著　　者　中山 嘉之

発 行 人　新関 卓哉
企画・編集　松本 昭彦
発 行 所　株式会社リックテレコム
〒113-0034　東京都文京区湯島3-7-7
振替　00160-0-133646
電話　03（3834）8380（代表）
URL　https://www.ric.co.jp/

装　　丁　河原 健人
本文組版　前川 智也
印刷・製本　株式会社平河工業社

●訂正等
本書の記載内容には万全を期しておりますが、万一誤りや情報内容の変更が生じた場合には、当社ホームページの正誤表サイトに掲載しますので、下記よりご確認ください。
＊正誤表サイトURL
https://www.ric.co.jp/book/errata-list/1

●本書の内容に関するお問い合わせ
FAXまたは下記のWebサイトにて受け付けます。回答に万全を期すため、電話でのご質問にはお答えできませんのでご了承ください。
＊FAX：03-3834-8043
＊読者お問い合わせサイト：https://www.ric.co.jp/book/ のページから「書籍内容についてのお問い合わせ」をクリックしてください。

●製本には細心の注意を払っておりますが、万一、乱丁・落丁（ページの乱れや抜け）がございましたら、当該書籍をお送りください。送料当社負担にてお取り替え致します。

ISBN978-4-86594-116-6　　Printed in Japan